Pflege.

Zukunft.

Menschenrecht.

Christine Vogler
Thomas Druyen

Pflege. Zukunft. Menschenrecht.

Zehn Empfehlungen
für die Pflege von morgen

Cornelsen

Inhalt

Hinweis:
Wir adressieren immer alle Lesenden und verwenden in diesem Buch meist eine gender- und diversitätssensible Sprache. In einigen Fällen haben wir zugunsten der inhaltlichen Verständlichkeit und der besseren Lesbarkeit darauf verzichtet.

Mein persönliches Vorwort

Christine Vogler

Eine, die aus der Pflege kommt, und ein Zukunftsforscher. Und dann ein Buch über Pflege, das sich auch noch vornimmt, den Bezug zu Menschenrechten herzustellen. Was für ein Unterfangen.

> **» Das Unmögliche möglich machen. Was denn sonst. Das war unsere Inspiration. Und wir laden Sie dazu ein, uns zu folgen.**

Vielleicht haben Sie dieses Buch geschenkt bekommen, haben es ganz bewusst ausgewählt oder sind an der Kasse im Buchladen aufmerksam geworden? Worauf können Sie sich freuen?
Wir werden einen hoffnungsvollen Blick auf die Pflege von Menschen werfen. Natürlich wird es dabei auch um Mangel gehen. Wie wir heute überall lesen können, gibt es weder ausreichend Pflegefachpersonen noch ausreichend Geld im System, pflegerische Versorgungsangebote sind unzureichend, einige Kliniken sterben ... Worum es uns in diesem Buch aber geht, ist, wie jeder einzelne Mensch und wir als Gesellschaft damit umgehen können. Wie können wir in Zukunft diejenigen unterstützen, die Hilfe benötigen: Pflegebedürftige und Kranke?

Und wie können wir in Zukunft diejenigen unterstützen, die Sorge tragen: professionell Pflegende und pflegende Angehörige?

Wir schreiben über Demokratie und Würde sowie über die Freiheit der Entscheidung, wie, wo und durch wen wir gepflegt werden möchten. Es geht um ein Gesundheitssystem, das in sich so krank und marode ist, dass es selbst dringend kompetenter Pflege bedarf.

Das alles wollen wir auf wenigen Seiten durchdenken, am Ende zusammengefasst in zehn nachhaltigen Empfehlungen. Die könnten Sie gerne auch zuerst lesen – aber dann verpassen Sie das Beste: den gesamten Mittelteil.

Was ich damit zu tun habe? Ich lebe und arbeite seit 1989 im Gesundheitssystem. Ich habe Krankenschwester gelernt und sehr schnell verstanden, dass das System meine Kompetenzen und meine Verantwortungsbereitschaft nur zu einem geringen Maß einsetzen wollte.[1] Studieren konnte man damals das Fach Pflege leider nicht, also bin ich nach meiner Ausbildung in die Pflegepädagogik gegangen. Heute bin ich als Lehrerin und Managerin im Gesundheitssystem tätig und engagiere mich berufspolitisch. Meine Leidenschaft gehört dem Pflegeberuf. Seit 2021 darf ich als Präsidentin des Deutschen

Pflegerates eine große Anzahl Pflegefachpersonen gemeinsam mit vielen (meist ehrenamtlich) engagierten Kolleginnen und Kollegen vertreten. Beruflich bilde ich seit nunmehr fast 30 Jahren Pflegefachpersonen aus – als Lehrerin, Schulleiterin, Geschäftsführerin. Dabei habe ich stets die international orientierte generalistische Grundausbildung verfochten – und tue es bis heute. Mein Jahrzehnte währender Kontakt in alle Versorgungsbereiche – Krankenhaus, Pflegedienst, Pflegeheim – zeigte mir schon früh, wie kompetent, wirksam und wertvoll alle Pflegefachpersonen sind, ebenso die Kraft und Wichtigkeit der pflegenden Angehörigen und das Zusammenspiel der verschiedenen Berufsgruppen in der Gesundheitsversorgung.

Eine Gesellschaft, in der die pflegerische Versorgung einen hohen Stellenwert hat, das ist eine Gesellschaft, in der ich leben will. In der die sozialen Aspekte etwas gelten und in der alle Menschen gleich viel wert sind. Das ist der Plan! Und wie wunderbar, dass mir Thomas Druyen begegnet ist, mit dem wir nun auf ganz ungewöhnliche Weise auf die Pflege und Gesundheitsversorgung in Deutschland schauen wollen. Hoffnungsvoll. Kompetent. Gestaltend. Begleiten Sie uns bei dieser visionären Reise in die Zukunft, die wir wie einen Dialog gestaltet haben. Möge es den Diskussionen für eine gute künftige Versorgung dienen.

Mein persönliches Vorwort

Prof. Dr. Thomas Druyen

Danke, liebe Christine. Wir sind uns einig, dass die Pflege eine wegweisende Zukunftshoffnung ist und sein muss. Dazu brauchen wir ein vorausschauendes Bewusstsein, was Pflege angeht.

Dazu möchte ich zwei Perspektiven beisteuern, die Zukunftspsychologie und die „Konkrethik".[2] Mit beiden im weiteren Verlauf noch zu erläuternden Begriffen meine ich eine weitblickende Haltung mit dem Ziel, das Richtige zu tun. In diesem Sinne stellen sich Fragen:

> **»** Was leistet die Pflege für unsere Zukunft? Welchen Stellenwert hat sie für unser gemeinsames Leben?

Wie wird sich die Pflege durch künstliche Intelligenz (KI) verändern? Ist sie psychologisch nicht auch ein Inbegriff für (Herzens-)Bildung? Um diesen Fragen auf den Grund zu gehen, müssen wir uns die Denkweisen der Pflegeberufe anschauen, aber auch die der zu Pflegenden selbst.

Woher kommt diese Perspektive? Als Präsident der opta data Zukunfts-Stiftung kümmere ich mich um die Systemrelevanz der Gesundheitsberufe, in denen die Pflege eine zentrale Rolle spielt. In diesem Zusammenhang führt die Stiftung Studien und Befragungen durch. Für meine Argumentation sind hier zwei Studien wichtig: Die Babyboomerpflegestudie[3] beschäftigt sich mit den Einstellungen der Babyboomerinnen und Babyboomer (die zwischen 1955 und 1969 geborenen Jahrgänge) zur Pflege, die zweite Studie mit den Aussagen von Pflegefachpersonen einer Universitätsklinik über sich selbst. Sie trägt den Titel „WeCare4Us".[4] Hier war es bedeutsam, endlich mal die Pflegenden selbst zu Wort kommen zu lassen.

Mein Zugang zu unserem Thema liegt auch in meiner Funktion als Gründer und Direktor des Institutes für Zukunftspsychologie und Zukunftsmanagement an der Sigmund Freud PrivatUniversität in Wien. Dort untersuchen wir seit 2015 die psychologischen Auswirkungen der Digitalisierung, der künstlichen Intelligenz, der allgemeinen mentalen Überforderung und des demografischen Wandels. Es handelt sich um eine Mindsetforschung, also um die Erkundung, was Veränderung mit unserem Geist, unseren Emotionen und unseren Einstellungen macht. Gleichzeitig führen diese Erfahrungen zu Kursen und Workshops, um Interessierte zu trainieren, mit Überraschungen, Unvorhersehbarkeiten, Transformationen und Stress besser umzugehen.

Diese Workshops führen wir auch mit Pflegefachpersonen durch. Die Resultate sind eindeutig: Die Pflegenden selbst wissen ganz genau, wie ihre Zukunft aussehen soll.

Diese zukunftspsychologischen und nach vorne gerichteten Betrachtungen einzubringen ist eine Herzensangelegenheit. Dies gemeinsam mit Christine Vogler tun zu dürfen, ist mir eine Ehre. Sie setzt jeden Tag um, was wir brauchen: das Gesagte auch zu tun.

1.

Pflege – Beruf und Berufung

Thomas Druyen

Mindset – Pflege denken

Als Gesprächsgrundlage möchte ich gerne einen gedanklichen Teppich auslegen, auf dem wir uns dann bewegen können. Die Pflege betrifft alle Menschen und alle Generationen. Sie ist eine Brücke zwischen den Altersgruppen. Sie ist eine Brücke in das Leben hinein und auch wieder aus dem Leben hinaus.
In jeder Sekunde des Lebens spielt die Pflege eine Rolle – bewusst oder unbewusst.

» **Es stellt sich die Frage: Durch welche Brille, mit welcher Haltung oder welchen Gefühlen betrachten wir Pflege?**

Diese Grundeinstellung nenne ich „Mindset". Der Begriff stammt aus dem Englischen und lässt sich als „Mentalität" oder „Einstellung" übersetzen. Das Mindset bezeichnet die Gesamtheit der mentalen Überzeugungen und Prägungen, die bestimmen, wie eine Person denkt, fühlt und handelt.

Der Begriff „Mindset" wurde maßgeblich durch die Arbeiten der amerikanischen Psychologin Carol Dweck geprägt, die in ihrem Buch *Mindset: The New Psychology of Success* (2006) zwischen einem festen („fixed") und einem Wachstums-Mindset („growth") unterscheidet.[5] Diese Unterscheidung hat weitreichende Folgen für die Bildung, das

Arbeitsleben und die persönliche Entwicklung eines jeden Menschen. Im psychologischen Kontext bezieht sich „Mindset“ auf die innere Haltung, die tief verwurzelten Glaubenssätze und die kognitiven Rahmen, durch die das Individuum seine Erfahrungen interpretiert und auf Herausforderungen reagiert. Diese mentalen Modelle beeinflussen, wie wir Ziele setzen, Herausforderungen begegnen, mit Rückschlägen umgehen und letztlich unser Leben und Handeln gestalten.

Zu einem am Wachstum orientierten Mindset gehören erstens die Bereitschaft, sich neuen Erfahrungen und Veränderungen gegenüber offen zu zeigen und aus Fehlern zu lernen. Zweitens der Glaube, dass Fähigkeiten und Intelligenz durch Anstrengung, gute Strategien und konstruktives Feedback verbessert werden können. Im Gegensatz dazu nehmen Personen mit einem festen Mindset an, dass diese Eigenschaften statisch und unveränderlich sind und man selbst wenig Einfluss hat. Drittens ist die Art und Weise, wie Personen Herausforderungen begegnen und Rückschläge verarbeiten, ebenfalls ein wichtiges Merkmal.

» Ein konstruktives Growth Mindset glänzt durch Resilienz und die Fähigkeit, aus Misserfolgen zu lernen und diese als Gelegenheit zur Weiterentwicklung zu nutzen.

Viertens beeinflusst das Mindset, ob Individuen eher leistungsorientierte Ziele verfolgen, um Talent oder Intelligenz zu beweisen, oder lernorientierte Ziele, um Kompetenzen zu erweitern und zu wachsen. Diese wegweisenden Grundlagen wenden wir nun auch auf die Pflege an und nutzen dazu neue Erkenntnisse aus der Zukunftspsychologie.[6]

Der Mensch hat ein spezielles Mindset für Pflege, es entwickelt sich im Laufe des Lebens bewusst und unbewusst. Es ist mit allen Erfahrungen, Verletzungen und Erlebnissen verwoben, die das Leben und die Identität einer Person prägen. Alle Abbildungen des eigenen Lebens sind in dieser seelischen „Bibliothek" gespeichert, auch wenn der oder die Betroffene nicht immer darauf Zugriff hat. Oft werden ihre Erkenntnisse und Bilder auch verdrängt und vergessen. Diese Gesamtheit aller Wahrnehmungen bildet unseren Charakter und unsere Eigenart. Sie ist die Grundlage eines individuellen Mindsets. Sie macht das persönliche Bewusstsein aus. Bei der Struktur unseres Körpers könnte man vergleichbar auch von „Bodyset" sprechen.

» **Der Blick auf das Leben und die Pflege ist immer subjektiv, er entspringt dem eigenen Mindset, der eigenen Kultur und dem eigenen Wesen.**

Man sieht die Pflege nicht, wie sie objektiv ist, sondern nur das eigene Bild auf die Pflege. Wie Säuglinge und Kinder geprägt werden, in armen, wohlhabenden oder sozial prekären Verhältnissen, in friedlichen oder kriegerischen Umgebungen, in menschenfreundlichen oder menschenfeindlichen Nationen, all dies beeinflusst das Mitgefühl und den Selbstwert der späteren Erwachsenen. Ebenso spielen soziale und milieubezogene Faktoren, wie Umgang, Nachbarschaft oder Beschäftigung, eine gravierende Rolle. All diese und viele weitere Bestandteile mischen sich in jenes innere Bild, das wir von Pflege und ihrer Bedeutung für uns haben. Selbstverständlich sind auch das Alter und die Generationenzugehörigkeit von Belang.

Gehören Unfälle, Pflegefälle, Pflegebedürftige oder schwer eingeschränkte Personen überhaupt zum eigenen Erfahrungshorizont, oder blieb die eigene Biografie bislang von direkter Erfahrung, was Pflege bedeutet, unberührt? Das persönliche Bild von Pflege wird von einer Vielzahl von Faktoren beeinflusst.

Schauen wir zur Verdeutlichung auf ein konkretes Beispiel:
Louisa und André sind seit 30 Jahren verheiratet, beide sind sie Pflegefachpersonen. André sogar in der dritten Generation. Der Dienst am und für die Menschen gehört zur DNA der beiden. Sie verstehen Pflege als ihre Berufung und verwandeln so auf magische Weise all die Unzulänglichkeiten und Hindernisse ihres Jobs in Herausforderungen. Beide sind in Leitungsfunktionen tätig und wissen ganz genau, in welch desaströsem Zustand sich die Pflege in Deutschland befindet. Aber sie konzentrieren sich nicht auf die Probleme, sondern versuchen unentwegt, ihr Bestes für die zu Pflegenden zu geben. Sie wollen und können sich keinen besseren Beruf vorstellen. Ihr einziger Sohn studiert Medizin. Während der Corona-Pandemie hat sich Lucas entschieden, sein Medizinstudium aufzugeben, um sich akademisch und praktisch auch dem Pflegeberuf zu widmen. Dieses familiäre Mindset denkt, fühlt und atmet Pflege. Louisa, André und Lucas mögen in dieser Verdichtung Ausnahmen sein, aber dieses sich selbst verpflichtende Engagement ist absolut keine Seltenheit.

» **Die intrinsische Motivation ist ein Merkmal für die Verbundenheit Pflegender mit ihrem Beruf.**

Innerhalb dieser Profession gibt es so viele Mindsets wie Pflegefachpersonen. Alle, die diesen absolut zehrenden und zutiefst humanen Beruf über viele Jahre oder Jahrzehnte ausüben, sind empathische Heldinnen und Helden, denn sie leisten immer weit mehr, als es ihr eigenes Interesse sein könnte. Diese Anlage und diese besondere Eignung für den Beruf basieren auf dem Mindset. Wer diese originäre Eigenheit nicht besitzt, kommt schneller an die Grenzen der Überforderung und der Überlastung. Diese Widerstandskraft besteht unabhängig von der Generationszugehörigkeit. Die Nachkriegskohorte, die Babyboomerinnen und Babyboomer, hat durch ihre Erziehung und ihre sozialen Erfahrungen insgesamt eine stärkere Neigung, Disziplin zu zeigen, ihre Pflicht zu erfüllen und Belastungen standzuhalten. Diese Tugenden entsprechen den Anforderungen an die Pflegeberufe in recht hohem Maße. Aber ob das ein Vorteil ist, wird sich noch erweisen.

In Bezug auf die Neubewertung der Leistungsmentalität durch die jungen Generationen ist es jedenfalls momentan eine Belastung. In dieser Hinsicht kann man gerade dabei zusehen, wie sich das Mindset wandelt. Erleben Kinder die ständige berufliche Beanspruchung ihrer Eltern und verinnerlichen sie, ist es keine spontane Charakterlosigkeit, sich weniger Arbeit und Pflicht für das eigene Leben zu wünschen. Ist eine Tätigkeit so labil organisiert, dass es an der Tagesordnung ist, kein Wochenende zu haben, dass keine Planung möglich ist und dass man wenig Anerkennung für die eigene Leistung erhält, sind Kritik und Ablehnung nachvollziehbar. Macht jemand seit Jahrzehnten dieses Hamsterrad im Berufsalltag mit und will dann der Pflegenachwuchs nicht mehr mitspielen, ist die Enttäuschung groß und leistet Vorschub für Vorwürfe und Missverständnisse.

» **Keine Pflegefachperson – von der jüngsten bis zur ältesten – hat etwas gegen Planungssicherheit, Wertschätzung und technische Unterstützung, um den bürokratischen Aufwand zu reduzieren.**

Auch zu einem Privatleben sagt niemand Nein. Trotzdem wird je nach Mindset hitzig diskutiert, obwohl alle das gleiche Ziel verfolgen: den wertgeschätzten Dienst am Patienten und an der Patientin.

Darüber hinaus existieren weitere psychologische Hürden im Mindset der Pflegeberufenen. Sie sind paradox, da sie einerseits die Ausübung des Berufes ermöglichen und andererseits die Wahrnehmung eigener Interessen verhindern. Es geht um Demut, Anpassungsfähigkeit und Obrigkeitsgläubigkeit. Ständig zwischen Heilung, Tod, Leiden und

Hoffnung zu manövrieren, ist ohne seelische Ergebenheit und die Fähigkeit, einem höheren Ziel zu dienen, unmöglich. Demütige Menschen hauen aber sehr selten auf den Tisch oder pochen institutionell auf ihr Recht. Hier liegt auch die Verbindung zur Anpassungsfähigkeit. In kaum einem Beruf ist die Unvorhersehbarkeit so groß und die Flexibilität der Pflegenden so nötig.

> **» Mit immer neuen Menschen, Geschichten und Ängsten konfrontiert zu werden, ist eine dauernde und maximale Herausforderung. Dieser Fokus erschwert es ungemein, die eigenen Bedürfnisse in den Vordergrund zu rücken.**

Dazu kommt, dass keine medizinische Einrichtung, kein Krankenhaus und keine Universitätsklinik ohne Hierarchie auskommen. In diesem Gefüge sind Ärzte und Ärztinnen auf allen Ebenen Vorgesetzte. Auch wenn sich das hierarchische Gefälle allmählich verändert und generations- und kulturbedingt abflacht, befinden sich die Pflegefachpersonen unten in der Hierarchie. Ihre gesellschaftliche Bedeutung wird langsam bewusster wahrgenommen, doch noch verorte ich das aktuelle Mindset dort, wo Anweisungen häufiger empfangen als selbst gegeben werden.

Eines möchte ich deutlich machen: Nicht die Pflege und die dazugehörigen Leistungen prägen das Bild von Pflege, sondern das individuelle Mindset.

» Die Zukunft der Pflege hat eng mit der Bereitschaft zu tun, das eigene Mindset zu überprüfen und zukunftstauglich zu machen.

Mindset – über Pflege denken

Die Bedeutung des Mindsets gilt auch für jene am Pflegeprozess Beteiligten, die selbst keine ausgebildeten Fachleute sind. In erster Linie sind es die zu Pflegenden selbst, deren Familien, Angehörige und Bekannte, Servicekräfte, Ärztinnen und Ärzte, deren Meinung maßgeblich ist. Vom Mindset der Pflegefachpersonen haben wir schon gesprochen, jetzt geht es um diese konzentrischen Kreise, um die Pflege herum, die sich vom Pflegeempfangenden in die Gesellschaft hineinziehen. Das gleiche Prinzip ist auch hier wirksam: Den objektiven Blick gibt es nicht, nur eine subjektive Interpretation von Pflege.

Plötzlich ist man Patient. Die Ursachen sind vielfältig und unplanbar. Krankheit, Unfall oder Schicksal, von einem Moment auf den anderen ist man der eigenen Regie beraubt und ist auf andere angewiesen. Nichts ist schöner als Freiheit, dementsprechend ist wenig schlimmer, als abhängig und ausgeliefert zu sein. Es gibt unterschiedliche Grade von Unfreiheit, je nach körperlichem und geistigem Zustand, je nach Umgebung, Normal- oder Intensivstation, je nach Bett in einer Klinik bis hin zum Bett in einem Altenheim. Egal, in welche Situation man gerät, die Wahrnehmung wird durch das eigene Mindset bestimmt, nicht das tatsächliche Szenario wird beurteilt, sondern die Einschätzung basiert auf den persönlichen Erfahrungen.

So erlebt jeder Patient bzw. jede Patientin seine bzw. ihre „Gefangenschaft“ in biografisch vorgezeichneter Weise. Diese Wurzeln sind auf den ersten Blick von außen unerkennbar. Für die Pflegenden mag nur wichtig sein, dass sich die zu Pflegenden doppelt allein fühlen: in ihrer Erkrankung und in der ungewohnten Situation. Jedes Mindset bewertet nun die Geschehnisse aus eigener Sicht: Ist der Mensch verwöhnter, ärmer oder reicher, ist er ungeduldiger, zorniger, heiterer oder ängstlicher? Ist er Griesgram oder Stimmungskanone? Ist er voller Gewissensbisse? Ist er alt oder jung, Frau oder Mann oder divers? All diese Faktoren beeinflussen den individuellen Blick auf Pflege. Auf sie gehen außergewöhnliche Pflegepersönlichkeiten mit ihrem jeweiligen Mindset ein – eine außergewöhnliche Leistung!

Für alle Betroffenen in diesem Kosmos gibt es weitere Bedingungen, die die verschiedenen Rollen definieren. Aus welcher Kultur stammen die zu pflegende und die pflegende Person? Ist die eigene Kultur männerdominiert? Welche Religion oder Spiritualität wird gepflegt? Aus welchem sozialen Umfeld kommt man, kennt man Leid und Tod? Ist man aggressiv oder sanft? Ist man von Pflichtbewusstsein oder von Bedenkenträgerei geprägt? Spricht man selbst überhaupt die Sprache, die andere Menschen verstehen?

» **Diese Beispiele sollten ausreichen, um die Wirkung des Mindsets und das damit verbundene Fühlen und Denken über die Pflege nachvollziehbar zu machen. Eine Gesellschaft ohne ein gemeinsames Mindset für Pflege wird nicht reüssieren.**

Diese Einsichten sind für alle Beteiligten im gesamten Pflege-, ja im gesamten Gesundheitswesen relevant. Darüber hinaus gibt es aber auch noch jene, die mit den zu Pflegenden aufs Engste verknüpft sind – ihre Familien, die Partnerinnen und Partner. Ist jemand – in welcher Weise auch immer – erkrankt, fällt der oder die Betroffene in seinem bzw. ihrem Alltag als Elternteil, als Kind, als Großeltern, als Erziehende aus. Eine Säule des familiären Alltags fehlt. Dies hat vielfältige und unkalkulierbare Konsequenzen und ist schon für sich genommen eine Ausnahmesituation. Mit einem Krankheitsfall sind psychische Belastungen verbunden, die Sorgen, Ängste oder Nöte erzeugen. In der Familie und in der Beziehung fallen Gewohnheiten um wie Dominosteine. Das heißt, zu den Grenzen eines Mindsets kommen zusätzliche existenzielle und spontane Einwirkungen hinzu. Das ist immer, aber je nach Schweregrad ein umso massiverer Donnerschlag. Situative oder chronische Pflegebedürftigkeit kann das Leben eines Menschen gewaltig aus den Angeln heben.

Schaut man in die Gesichter der Angehörigen auf Intensivstationen, sieht man zuweilen quälende Ratlosigkeit und kein Licht am Ende des Tunnels. Die Intensität der Belastung spielt die wichtigste Rolle, aber Schmerz und Angst sind immer mit im Spiel. Selbst bei leichteren Fällen kommt es zu Alltagsstress und Veränderungsdruck bei den Angehörigen. Wir kennen die total Genervten auf beiden Seiten. Und dennoch gibt es Herzenswärme, Lächeln, Humor, Hoffnung und Demut – es ist ein Spiegelbild des Lebens. Wer sich hier behauptet, hat sein Mindset optimal ausgerichtet und trainiert es jederzeit. Besucht man Palliativeinrichtungen, erlebt und spürt man, dass Menschen in der Lage sind, dem Leiden und dem Tod den Schrecken zu nehmen.

Der Grund ist ganz einfach: Man will nur das Beste für den Menschen in dieser Situation. Alle machen mit, das egoistische Gepäck wird abgeworfen. Hier wird das konkret Gute umgesetzt, ohne zu verhandeln. Das ist Konkrethik, eine ultimative Haltung, die uns eine klare Richtung weist.

Konkrethik – ein Kompass für das Mindset

Die erwähnte „Konkrethik" ist eine über Jahre entwickelte Selbststeuerungsmethode, um das konkret zu tun, was man wirklich will und was man für das Richtige hält.[7] Gesagt, getan. In diesem Dilemma stecken alle Menschen jeden Tag, aber vor allem auch jene, die sich tagein und tagaus mit der Pflege beschäftigen. Hier wiegen Entscheidungen oftmals doppelt schwer, ihre Konsequenzen sind enorm. Die möglichen Folgen einer (Fehl-)Entscheidung belasten einen, sodass Entlastung und Erleichterung von zukunftsweisender Bedeutung sind. Daher kann die Konkrethik auch für die Pflege ein hilfreicher Kompass sein. Sie stellt eine Brücke zwischen dem Ideal des Guten und dessen Umsetzung in die Praxis dar. Die Ethik ist seit Jahrtausenden eine existenzielle und unverzichtbare Werthaltung für jeden einzelnen Menschen und die Menschheit. Aber Ethik ist immer nur die Forderung oder der

Wunsch, jeder möge sich „gut“ verhalten, möge das „Gute“ wollen. Sie ist ein Imperativ, der aber historisch gesehen das Schlechte, Böse und Aggressive in der Welt niemals in Schach hat halten können. Das müssen wir jetzt endlich ändern. Konkrethik heißt, bei sich selbst zu beginnen und ganz und gar ehrlich und gewissenhaft zu sein. Das ist kein leichter Weg. Leo Tolstoi wird ein allgemeinbekannter Satz zugeschrieben: „Alle wollen die Welt verändern, aber keiner sich selbst.“

> **» Das Gute darf nicht nur ein Wille bleiben, sondern wir müssen es umsetzen und wirklich machen. Das Gute wird also nur wahr durch seine Umsetzung. Daher passt der Begriff „Konkrethik“ so gut in unseren pflegerischen Kontext.**

Im Kern der Konkrethik steht das eigene Mindset, die Basis unseres Bewusstseins. Es dient als Kompass, der unsere Gedanken und Handlungen zukünftig leitet. Die Notwendigkeit eines solch zukunftsorientierten Mindsets wird besonders deutlich, wenn man die Versäumnisse bisheriger Herangehensweisen betrachtet. Wir wissen seit Jahrzehnten, dass immer mehr Bürgerinnen und Bürger viel älter werden und logischerweise in unterschiedlichen Graden Unterstützung benötigen. Wir wissen seit Jahren, dass die Infrastruktur des Gesundheitswesens veraltet ist, wir wissen seit Jahren, dass die Gesundheitsfachberufe ihre vorhandene medizinische Kompetenz mehr einbringen sollten. Dieses Wissen ist vorhanden, wird aber nicht in die Praxis umgesetzt. Die Konkrethik gibt uns eine Handhabe, mutig zu sein und das Überholte gegen das Neue einzutauschen, die aktuellen Belastungen zu ordnen – und besser noch, vorausschauend zu handeln.

» Ein entscheidender Aspekt der Konkrethik ist die Betonung des „Hier und Jetzt". Tatkräftiges Handeln und mutig Entscheidungen zu treffen sind wichtig.

Unsere momentanen Gefühle dominieren unser gesamtes Verhalten, also auch Folgen und Wirkungen. Jede Tat, jede Entscheidung, klein oder groß, sind Bausteine unserer Realität und unserer Zukunft. Was es auch ist, immer gilt es, das Beste aus der Situation zu machen. Einen vermeintlichen Nachteil in einen Vorteil, eine Enttäuschung in eine Anregung, eine Erwartung in eine Tatsache, ein Unglück in eine Herausforderung zu verwandeln, in etwas Besseres, in etwas Gutes, das ist Konkrethik. Jeder Mensch muss mit den äußeren und inneren Resultaten des eigenen Tuns zurechtkommen. Den ersten Schritt zu machen kommt immer von einem selbst.

Das ist der konkrethische Punkt, an dem über Zukunft entschieden wird. Gesagt, getan. Für das Gehirn ist es so, dass das Handeln selbst wichtiger ist als der oder die Handelnde. Man lernt nur, was man tut, nicht, was man sagt. Es kann so viele Ideale, Ethikkodizes, Möglichkeiten und Chancen geben, aber nur die Umsetzung schafft Realität.

So gehört es auch zur Konkrethik, sich mit zukünftigen Entwicklungen und Wünschen zu beschäftigen. Es geht darum, mit dem eigenen Vorstellungsvermögen mögliche Situationen durchzugehen und unterschiedliche Lösungen gedanklich durchzuspielen. Ohne Risiko erlangt man auf diese Weise die Fertigkeit, sich mit Überlastung, Unvorhersehbarkeit und Überraschungen auseinanderzusetzen, um dann, wenn sie wirklich eintreten, gerüstet zu sein.

» **Diese Navigation antizipiert mögliche Zukünfte, an denen man trainieren und lernen kann, das Morgen und Übermorgen zu gestalten. Konkrethik bedeutet also auch, „eine gute Zukunft rückwärts zu denken und sie gleichzeitig vorwärts zu realisieren“.[8]**

Sie lehrt uns, die langfristigen Konsequenzen unserer Handlungen zu bedenken und dadurch die Zukunft verantwortungsvoll zu gestalten.

Ist ein Mindset trainiert, souverän mit Grenzsituationen umzugehen, erreicht man das Bestmögliche. Mehr geht für Menschen nicht.

> **» Dieses konkrethische Mindset sorgt auch für die eigene mentale Gesundheit und kann den Pflegenden helfen, sich neu zu positionieren.**

Sie sind Teil eines komplexen Systems, in dem die Handlungsfreiheit leider sehr eingeschränkt ist und wenig Wertschätzung geäußert wird. Aber nur wir selbst können Ausgangspunkt von Selbstfürsorge sein. Unser Gehirn ist völlig überfrachtet von bestehenden Problemen und bedarf einer entsprechenden Auslese. Es ist ein konkrethischer Prozess der „Selbstreinigung", sich Lichtblicke im Tunnel zu verschaffen und gleichzeitig einen objektiven Standpunkt zu erarbeiten. Wer für sich nicht weiß, was richtig oder falsch ist, ist unmündig und kann nicht eigenständig handeln. Insofern hilft die Konkrethik, das individuell Wichtige und Richtige zu benennen, wissend, dass es nur in der Umsetzung Bedeutung hat. Unsere Gehirnstrukturen verändern sich durch konkretes Handeln. Daher heißt die einfache Konsequenz: Lernen durch Machen.

Konkrethik in der Anwendung

Das Konzept der „Konkrethik“ besagt, sich für das individuell als richtig erachtete Handeln zu entscheiden und es umzusetzen. Dies ist der einzige Weg, selbstbestimmt durch den Dschungel der Überforderung und unüberschaubaren Veränderungen zu navigieren.

> **» Die Konkrethik fungiert hierbei als Zukunftskompass. Er unterstützt die Pflegenden in ihrem Alltag, um belastende Dilemmata zu überwinden und sowohl für sich selbst als auch für die ihnen Anvertrauten die beste Handlungsalternative auszuwählen.**

Die Konkrethik ist etwas anderes als der geschätzte ICN-Ethikkodex, der umfassende und ideale Werte, Verantwortlichkeiten und Pflichten für alle Pflegefachkräfte definiert (→ Kapitel 2).[9] Es ist aber schwierig, alle Richtlinien im Alltag zu berücksichtigen. Das Gute bleibt wie der Himmel über uns oft unerreichbar, weil wir nicht alles zugleich tun können. Die Konkrethik ist die Entscheidung für den machbaren Weg, wissend, dass damit andere Wünsche und Interessen nicht berücksichtigt werden können. Sie besagt, aus der Fülle der Möglichkeiten jetzt das ultimativ Notwendige umzusetzen. Gesagt, getan.

Selbstreflexion

Schauen Sie sich einige konkrete Handlungsanleitungen an. Beginnen Sie mit einer Selbstreflexion:

- Welche Werte sind für mich in Zukunft entscheidend?
- Welche Haltung trägt mich dabei in die Zukunft?
- Welche persönlichen und beruflichen Ziele habe ich?
- Wo möchte ich in acht Jahren stehen?

Diese sogenannte Präflexion bildet die Grundlage Ihres Zukunftskompasses. Stellen Sie sich konkrete Situationen vor. Berücksichtigen Sie dabei sowohl die kurz- als auch die langfristigen Konsequenzen Ihrer möglichen Entscheidungen.

Wenn Sie Pflegefachperson sind: Wie wirkt sich eine bestimmte Handlung auf die betreute Person, auf das Pflegeteam und auf Sie persönlich aus? Treffen Sie dann Ihren Beschluss. Welche Option entspricht am ehesten Ihren Werten und dem Wohl der betreuten Person?

Diese Übung trainiert auch Ihr Vorstellungsvermögen und macht Ihr Gehirn fit, in schwierigen Situationen entscheidungsfähig zu sein.

Priorisieren Sie präzise Handlungen, die eine positive Wirkung versprechen. Überlegen Sie vom Ausgang der Situation her:

- Wie soll das Ergebnis im besten Fall aussehen? Setzen Sie Ihr Votum mit Überzeugung um.
- Danach überdenken Sie den Prozess und das Ergebnis. Haben Sie das erreicht, was Sie sich vorgenommen hatten?
- Was können Sie aus der Erfahrung und aus Fehlern lernen?

Basierend auf Ihrem Erleben passen Sie Ihr Mindset an.

Dieser kontinuierliche Prozess stärkt Ihre Fähigkeit zur Selbststeuerung und trägt dazu bei, Ihr konkrethisches Agieren im Pflegealltag und im Privaten weiterzuentwickeln. Natürlich findet dies – hinsichtlich der Pflege – in einer Umgebung der Fremdbestimmung und in hierarchischen Strukturen statt. Sich zu entscheiden heißt immer, auch Nein sagen zu müssen und zu wollen. Dieses Nein ist in der Konkrethik ein Mittel, um voranzukommen und in realen Situationen schnell zu handeln.

> **» Konkrethik ist immer die Suche nach dem besten Weg, der nur durch Umsetzung beschritten werden kann. Übertriebene Bürokratie, positionsbedingte Besserwisserei oder Befehlsketten dienen nicht dem eigentlichen Zweck, der optimalen Pflege der Patientinnen und Patienten.**

Eine Pflegefachperson steht fast immer vor der Entscheidung, ihre Zeit und Aufmerksamkeit zwischen mehreren zu Pflegenden aufzuteilen, wobei alle unterschiedliche Bedürfnisse und Wünsche haben. Unter Anwendung der Konkrethik evaluiert die Pflegefachperson kritisch, welche Maßnahmen den größtmöglichen Nutzen für die Gesundheit und das Wohlbefinden der Patientinnen und Patienten bringen. Dies könnte bedeuten, dass bestimmte

Wünsche einer Patientin zugunsten der dringenderen medizinischen Bedürfnisse einer anderen Person zurückgestellt werden müssen. Die Entscheidung sollte die Pflegefachperson transparent kommunizieren, wobei sie die Gründe für ihre Priorisierung erklärt und Empathie für die enttäuschten Erwartungen zeigt.

In Zeiten von Personal- oder Zeitmangel müssen Pflegefachpersonen oft schwierige Entscheidungen treffen. Die Konkrethik leitet sie an, die verfügbaren Ressourcen so einzusetzen, dass sie den größtmöglichen Nutzen für alle Beteiligten erzielen. Dies kann bedeuten, dass bestimmte Behandlungen oder Komfortmaßnahmen, die als weniger dringlich oder effektiv bewertet werden, verschoben oder alternativ angeboten werden müssen. Der Schlüssel liegt darin, offen und ehrlich mit den zu Pflegenden und deren Angehörigen über die Situation zu sprechen und gemeinsam zu einer Lösung zu kommen, die unter den gegebenen Umständen die beste für den Betroffenen oder die Betroffene ist. Aber entscheiden ist unverzichtbar.

Die konkrethische Verfahrensweise offenbart die Qualität des Handelns und des Systems. Ein auswegloses Gesundheitssystem oder eine Atmosphäre, die keine konkrethische Anwendung ermöglicht, ist definitiv zum Scheitern verurteilt und dient nur rudimentär den Patienten und Patientinnen und tut dies auf dem Rücken der Pflegefachpersonen. Insofern ist die Konkrethik nicht nur eine individuelle Navigationsmethode, sondern auch ein Analyseinstrument, um die Zukunftstauglichkeit von Institutionen einzuschätzen. Bleiben wir aber in unserem Kontext bei der individuellen Konkrethik, die es ermöglicht, mit den neuen Herausforderungen und Beschleunigungen besser umgehen zu lernen. Um diese Methode für sich wirklich umzusetzen (ich persönlich praktiziere sie seit den 2010er-Jahren), muss man sich befreien. Dies ist die schwerste Übung, sich zu überlegen, was persönliche Freiheit konkret für einen selbst bedeutet und welches Mindset dafür notwendig ist. So habe ich drei Haltungen entwickelt, die es leichter machen, eigenständig zu handeln:

1. Frei sein von der Meinung anderer.
2. Frei sein von der Meinung über andere.
3. Frei sein sogar von der eigenen Meinung im Sinne von zweifeln, grübeln, beleidigt sein.

Das ist hart, zuweilen unangenehm, wird aber mit jeder Umsetzung immer leichter und schafft Klarheit. Gesagt, getan.

2.

Profession Pflege

Christine Vogler

Frei sein von der Meinung anderer und über andere. Und lernen, die eigene Meinung immer wieder vorbehaltsfrei zu überprüfen. Wenn wir den von Thomas beschriebenen Weg einschlagen wollen, um die Zukunft positiv zu gestalten, kommen wir an einem nicht vorbei:

> **» Wir werden etwas und uns verändern müssen.**

Um den immerwährenden Eindruck des Opfer- und Klagestatus von Pflegefachpersonen wandeln zu können, brauchen wir Veränderung. Mit der von Thomas aufgezeigten Konkrethik haben wir die Möglichkeit dazu, indem wir die eigene Kompetenz, Erfahrungen, das eigene Denken nutzen und wir die Verantwortung übernehmen für uns selbst, die Gesellschaft und die Situation. Als Mensch und als Pflegefachperson. Mit gutem und positivem Blick nach vorne.

Denken wir also an uns selbst. Und dann folgen wir der Idee, uns unsere gute Zukunft vorzustellen, diese dann „rückwärts zu denken und sie gleichzeitig vorwärts zu realisieren".[10] Wir werden in der Umsetzung sukzessive merken, dass Bedingungen, Umstände, Situationen tatsächlich besser werden.

» Es braucht jede Einzelne und jeden Einzelnen von uns, um Dinge zu verändern und zu entwickeln. Und dazu ist es nötig, das Denken und dann das Handeln so zu gestalten, dass es zu Veränderungen führen kann.

Veränderungen und positive Gestaltung der Zukunft werden nötig sein, denn sonst bleibt alles so, wie es ist. Und das kann sich die Pflege in Deutschland nicht leisten. Egal aus welcher Perspektive wir uns nähern.

Und nun lassen Sie uns über die Profession Pflege in Deutschland nachdenken.

- Pflege. Aufruf bei Google am 21.02.2024: 391.000.000 Ergebnisse in 0,35 Sekunden.
- Profession Pflege. Aufruf bei Google am selben Tag: 968.000 Ergebnisse in 0,38 Sekunden.

Die deutsche Sprache schafft es meisterhaft, in vielen Worten unterschiedliche Bedeutungen unterzubringen. Pflege kann alles sein: Gartenpflege, Mannschaftspflege, Autopflege, Menschenpflege. Wie ist das Verständnis bei Ihnen, liebe Lesenden? Was assoziieren Sie mit Pflege? Mit professioneller Pflege? Denken Sie an pflegende Angehörige, weil Sie selbst eine oder einer sind? Eine Fernsehserie?

Welche Bilder entstehen in Ihrem Kopf? All diese Bilder wurden durch Ihr Mindset geprägt.

» **Wir sprechen in diesem Buch vor allem von den beruflich Pflegenden – Menschen, die es gelernt haben, Menschen zu pflegen.**

Pflegende, die ihren Beruf als Profession verstehen und um die Verantwortung, die Bedeutung und das Know-how ihres Berufes wissen. Wie viele Pflegefachpersonen tatsächlich in Deutschland arbeiten bzw. ausgebildet sind, wissen wir nicht. Ungefähr 1,4 bis 1,8 Millionen professionell Pflegende arbeiten in Deutschland – so sind die Schätzungen.[11] Das sind, gemessen an der Bevölkerungszahl Deutschlands, ca. 1,6 Prozent.[12]

Das Mindset der Pflege in Deutschland ist deutsch. Pflege aber ist international. Die Weltgesundheitsorganisation (WHO) beschreibt die Profession Pflege als eine eigenständige Disziplin innerhalb des Gesundheitswesens, die sich mit der Förderung, dem Erhalt und der Wiederherstellung der Gesundheit von Individuen, Familien und Gemeinschaften befasst.[13] Pflegefachpersonen spielen eine entscheidende Rolle bei der Organisation und Anwendung von Gesundheitsmaßnahmen auf allen Ebenen. Sie sind in anderen Ländern oft die erste und manchmal einzige gesundheitsbezogene Fachkraft, die ein Patient oder eine Patientin aufsucht, und die Qualität ihrer Erstbeurteilung und anschließenden Versorgung ist entscheidend für gute Ergebnisse. Beispielsweise sind in der häuslichen Versorgung Pflegefachpersonen häufig die Einzigen, die die Patientinnen und Patienten über einen langen Zeitraum hinweg versorgen, einschätzen, unterstützen und begleiten.

Der Weltverband der Pflegefachpersonen (ICN) manifestiert in seinem Ethikkodex die Wichtigkeit und Bedeutung professioneller Pflege und die Verantwortung von Pflegefachpersonen: ethisches Pflegehandeln, Werte und Pflichten der Pflege, Achtung der Menschenrechte und Verpflichtung zur Förderung der Gesundheit und des Wohlbefindens.[14]

Aber was bedeutet das für uns im Rahmen der Konkrethik? Wie setze ich solch umfassende Anforderungen in meinem täglichen Tun um? Wie schaffe ich positive Entwicklungen? Thomas beschreibt es im Rahmen der Konkrethik (→ Kapitel 1): das Ideal des Guten aufnehmen und eine Brücke zum eigenen Leben – meinem (Pflege-)Leben – herstellen. Wie könnte das für die Grundsätze des ICN-Kodexes übersetzt werden? Folgende Beispiele illustrieren die Möglichkeiten.

Ethisches Pflegehandeln

Bei allen pflegerischen Handlungen ist die Würde des/r Einzelnen zu beachten. Denn in Artikel 1 des Grundgesetzes der Bundesrepublik Deutschland ist festgelegt:

> „Die Würde des Menschen ist unantastbar. Sie zu achten und zu schützen ist Verpflichtung aller staatlichen Gewalt."[15]

Wie mein konkrethisches pflegerisches Mindset aussieht? Einem Menschen, der z. B. bei der Körperpflege unbekleidet vor mir liegt, mit aller mir zur Verfügung stehenden fachlichen und persönlichen Kompetenz immer ein sicheres Gefühl zu geben und auf ihn Rücksicht zu nehmen. Respektvoller Umgang in dieser Situation, die von Ungleichheit geprägt ist. Das ist ein Maßstab.

Werte und Pflichten

Umsetzung im täglichen Leben: Selbstverständlich besuche ich als Pflegefachperson Fort- und Weiterbildungen. Trotz der Situation, dass in Deutschland keine umfassende Bildungspflicht – wie in den meisten Ländern[16] – für Pflegende existiert, haben sich z. B. im April 2024 über 20.000 Pflegefachpersonen freiwillig registrieren lassen und weisen mit kontinuierlichen Fort- und Weiterbildungen ihren Qualifikationsgrad nach.[17]

Achtung der Menschenrechte

Menschen aus unterschiedlichen Kulturen und Schichten erfahren durch mich als Pflegefachperson immer dieselbe Zuwendung und Hilfe. Sei es ein Drogenabhängiger, der Bildungsbürger, die Lehrerin, ein Strafgefangener, eine Nachbarin, ein Kind oder die Kollegin – jede und jeder Einzelne erfährt dieselbe pflegerische Versorgung.

Verpflichtung zur Förderung der Gesundheit und des Wohlbefindens

Neben der Versorgung von Pflegebedürftigkeit haben wir immer einen weiten Blick auf die Gesundheitskompetenz der Menschen, die wir versorgen, und wägen pflegerische Handlungen mit den individuellen Bedürfnissen der Pflegebedürftigen und/oder deren Angehörigen ab. Das sieht dann konkret so aus: Im Sommer für Hitzeschutz für Frau Müller in Zimmer 24 zu sorgen. Einer 102-jährigen Diabetikerin den Kuchen zu gestatten und gleichzeitig den Blutzuckerwert im Auge zu haben. Kinder in der Schulgesundheitspflege über gesunde Ernährung zu informieren ...

> » Auf der Grundlage der Kompetenz als Pflegefachperson richte ich meine eigene Haltung und meine Handlungen immer auf die Gesundheitssorge aus.

Schauen wir uns die grundsätzlichen Merkmale einer jeden Profession an, finden wir spezialisiertes Wissen und Kompetenz, Handlungsautonomie, Verpflichtung zu ethischen Standards, Verpflichtung zum Wohl der Gesellschaft, Anerkennung durch die Gesellschaft, Regulierung und Qualifizierung sowie bestimmte Organisationsstrukturen.

Pflege zeigt wie unter einem Brennglas unsere gesellschaftliche Verfassung – also im Sinne der Rechtsnorm:

> » Es gilt, im pflegerischen Tun ethisch zu handeln, die Würde der zu Pflegenden zu wahren und deren Gesundheit zu schützen.

All das ergänzt unser friedliches Zusammenleben.

» Diese Merkmale zeigen auf, dass Pflege in der Gesellschaft große Bedeutung hat. Und immer, wenn etwas Einfluss und Wichtigkeit besitzt, wäre es doch furchtbar schlau, sich das als Gesellschaft und als Individuum zunutze zu machen.

Gleichheit und Mitwirkung

Sowohl Gleichheit als auch Mitwirkung bzw. Partizipation sind als Prinzipien fest in der politischen und rechtlichen Kultur Deutschlands verankert. Während der Gleichheitsgrundsatz Ungerechtigkeiten und Diskriminierungen verhindern soll, sichert das Partizipationsverständnis die Beteiligung von Bürgerinnen und Bürgern am politischen und damit gesellschaftlichen Entwicklungsprozess.[18] Uns geht es hier um das Grundverständnis von Pflege – wo ist der Bezug zur Verfassung?

Spannend ist die Frage, wie sich das Grundverständnis der professionell Pflegenden – zu sich selbst, aber auch zu der eigenen Partizipation – im Gesundheitssystem entwickelt hat. Dem Beruf, der in monotheistischen Religionen historisch auf dem Prinzip der Barmherzigkeit basiert, wird ewig nachgesagt, „Lächeln ist genug Bezahlung, wenn man helfen kann". Pflege steckt in der ewigen Rolle der Assistenz der Ärzte und Ärztinnen fest. Sie wird durch die politisch kolportierte Annahme gebremst, Pflege könnten alle und zehn Jahre Schule reichten aus, um eine hochkomplexe Ausbildung zu durchlaufen. Eine Wahrheit ist – Pflege tut sich mit sich selbst schwer. Wir schaffen es selbst kaum, die dahergesagten und festgefahrenen Klischees über das eigene Berufsbild abzulegen. Thomas beschreibt es als die Neigung des Menschen, die bereits vorhandenen Vorstellungen und Vorurteile immer wieder bestätigen zu wollen. Man sucht eher nach der Bekräftigung der eigenen Hypothesen und nicht nach einer besseren Einsicht, die mit einem Erkenntnisgewinn verbunden wäre.

Hier kommen wir zurück zum Mindset. Wenn Sie selbst Pflegefachperson sind – überlegen Sie, welcher Aspekt bei Ihnen zutrifft. Und wenn nicht, nehmen Sie Ihren eigenen Beruf oder einfach Dinge aus Ihrem Leben.

Selbstreflexion

Schauen Sie sich einige konkrete Fragen an:

- Welcher Aspekt meines (Pflege-)Berufs berührt mich?
- Was macht mir Freude?
- Worauf bin ich stolz?
- Was motiviert mich, meinen Beruf weiterzumachen?

Schützen Sie dann diesen Aspekt. Erzählen Sie von Ihrem Erleben, machen Sie wichtige Faktoren groß!

Beispielsweise habe ich häufig – schon als Auszubildende – erlebt, dass bei Übergaben Patientinnen und Patienten mit einer „Bewertung" der nächsten Schicht vorgestellt wurden. A sei launisch, B unfreundlich, C aggressiv. Wenn ich mit diesen Menschen dann Kontakt hatte, empfand und erlebte ich das gar nicht so. Ich bemerkte, dass unvoreingenommen an Menschen heranzutreten beiden Seiten eine echte Chance gibt, gut miteinander umzugehen. Und ich nahm mir vor, Wertungen von Menschen zu vermeiden bzw. schon gar nicht Wertungen anderer anzunehmen.

» Diese Vorbehaltlosigkeit ist ein Beispiel für ein offenes Mindset, das dazu dient, Konkrethik umzusetzen. Diese Erkenntnis trifft übrigens auch auf viele Bereiche des Lebens zu.

Partizipation

Der Grund für diese schlechte Berufssituation der Pflegefachpersonen sind jahrzehntelange Ignoranz von Politik und Gesundheitssystem. Alle daraus entstandenen Belastungen und Unzumutbarkeiten werden auf dem Rücken der Pflegefachpersonen ausgetragen. Diese Aussage trägt aber nur, weil auch das

„geerbte" Verhalten und das Gelernte der Berufsgruppe die heutige Situation beschert hat. Politische und gesellschaftliche Partizipation ist niemals konsequent von unserer Berufsgruppe eingefordert worden. Die Profession muss lernen und akzeptieren, dass Autonomie, Spezialwissen und Weiterentwicklung nur durch uns selbst erreicht werden können, genau wie Demokratie von allen umgesetzt und verantwortet werden muss. Das geht nur durch Engagement. Niemand anderer als wir selbst tragen das Glück in unser Haus. Klagen bringt uns nicht weiter.

Gleichheit

Gleichheit bezieht sich im Grundgesetz auf Geschlecht, Abstammung, Rasse, Sprache, Heimat und Herkunft, Glauben, religiöse oder politische Anschauung.[19] Pflege ist ein traditioneller Frauenberuf mit allen Benachteiligungen, die mit Frauenberufen einhergehen: geringere Bezahlung, weniger Aufstiegschancen, Reduzierung auf Geschlechterrollen, schlechtere Arbeitsbedingungen und hohe Teilzeitquoten.[20] Wenn es also Gleichheitsgrundsätze in der Verfassung gibt, ist es an der Zeit, die sogenannten SAGE-Berufe, also Soziale Arbeit, Gesundheit und Pflege sowie Erziehung auf die Gehaltsniveaus anzuheben, die z. B. den MINT-

Berufen (Mathematik, Informatik, Naturwissenschaft und Technik) entsprechen. Statistische Analysen bestätigen seit Jahren das Gender Pay Gap: Frauen und Männer werden für gleichwertige Arbeit unterschiedlich zuungunsten der weiblichen Erwerbstätigen bezahlt.[21] Ebenso wird ihre Arbeit als geringer bewertet. Das Festhalten an historischen Frauenbildern, die Assoziation Pflege = Frau und die Aussagen von hochrangigen Politikern „Pflege kann jeder" sowie die Weigerung, die Strukturen zu verbessern, führen zu Ungleichbehandlungen. Sie zerstören den gesellschaftlich so notwendigen Beruf der Pflege. Das Vorenthalten der Pflegekammerstrukturen verweigert z. B. professionell Pflegenden die Partizipation an den Selbstverwaltungsstrukturen des Gesundheitssystems. Und das führt wiederum zur Abwertung, die nicht allein durch die Pflegenden behoben werden kann. Denn um im Rahmen einer Selbstverwaltungsstruktur (z. B. Kammer) den Beruf weiterentwickeln zu können, bedarf es gesetzlicher Vorgaben.

» Partizipation und Gleichheit muss auch für die Profession Pflege gelten. Nur so kommen wir am Ende zu einer beruflich souveränen Handlungsteilung und vor allem Handlungsautonomie.

Handlungsteilung und Public Health

Der Public-Health-Ansatz befasst sich mit der Gesundheit und dem Wohlbefinden der gesamten Bevölkerung.[22] Er zielt darauf ab, Gesundheitsprobleme zu verhindern und zu lösen, indem er auf die sozialen, ökonomischen und umweltbedingten Faktoren eingeht, die die Gesundheit beeinflussen. Merkmale sind:

- Prävention – von Impfprogrammen bis zu Gesundheitsförderungsmaßnahmen;
- Bevölkerungsorientierung: Konzentration auf die Gesundheit ganzer Bevölkerungsgruppen;
- Gesundheit besteht aus vielen Faktoren: darunter genetische Faktoren, Lebensstil, sozioökonomischer Status und Umweltbedingungen;
- interdisziplinärer Ansatz: In Ländern mit starkem Public-Health-Ansatz arbeiten die Gesundheitsberufe gleichberechtigt zusammen;
- Politik und Advocacy: Public Health hat Einfluss auf alle politischen Entscheidungen, um die öffentliche Gesundheit zu fördern;
- Gleichheit und Zugänglichkeit: Alle Bevölkerungsgruppen haben gleichen Zugang zum Gesundheitssystem;
- evidenzbasierte Praxis: Entscheidungen basieren auf wissenschaftlichen Erkenntnissen und Forschungsergebnissen, um effektive und effiziente Heilungsstrategien zu entwickeln;

- Überwachung von Gesundheitstrends und Bewertung von Gesundheitsprogrammen, um deren Wirksamkeit zu messen und zu verbessern.

Am Ende ist Public Health ein hoch dynamisches Feld, das sich den Herausforderungen und Veränderungen der Gesellschaft anpasst, um die Gesundheit der Menschen auf globaler, nationaler und lokaler Ebene zu verbessern.

> **» Daher ist ein Gesundheitssystem entscheidend, in dem die Berufsgruppen zusammenarbeiten und ihre Kompetenzen gleichermaßen einbringen können – zum Wohle der Bevölkerung.**

Das ist in Deutschland leider nicht ganz einfach. Denn um zusammenarbeiten zu können, benötigen Gesundheitsberufe gleichberechtigte Handlungskompetenzen und Ausbildungs- und Studienstrukturen, die evidentes Wissen schaffen. Das dürfen in Deutschland allerdings bedauerlicherweise offiziell nur Medizinerinnen und Mediziner. Rechtliche Rahmenbedingungen haben das historisch begründete Medizinsystem verfestigt. Und die Menschen in Deutschland haben seit jeher gelernt: „Ob ich gesund oder krank bin, das weiß noch immer nur der

Arzt oder die Ärztin." In den Pflege- und Therapieberufen fehlen immer noch Ausbildungsgänge an Hoch- oder Fachhochschulen. Ohne diese Strukturen verweigern Politik und Gesellschaft weiterhin, dass Expertinnen und Experten aus der Pflege ihre Kompetenzen und ihr Erfahrungswissen in unser System einbringen dürfen. Bezogen auf Public Health ist das bitter – denn einen breiten gesundheitsorientierten Ansatz können wir nur dann entwickeln, wenn wir die Verantwortung der Gesundheitsversorgung auf viele Schultern legen. Das bedeutet auch, die Gesundheitskompetenz aller Menschen zu stärken, was auch die Diskussion um die Überlastung der Rettungsstellen entlasten würde. Gesundheitskompetente Bürgerinnen und Bürger können viel besser einschätzen, wann der Besuch der Rettungsstelle notwendig ist oder der Besuch bei der Praxis um die Ecke am nächsten Tag ausreicht. Und in der Praxis arbeiten dann Kollegen und Kolleginnen aus der Pflege, der Medizin, den Therapieberufen zusammen und entscheiden gemeinsam mit Patientinnen und Patienten über die Behandlung und Versorgung.

» Die Pflege- und Therapieberufe sowie das Hebammenwesen müssen in den Öffentlichen Gesundheitsdienst integriert werden.

Prävention und Kontrolle von Krankheiten, die Förderung von Gesundheit in den Kommunen und Städten, die Reaktion auf Notfälle und die Forschung in der Pflege tragen maßgeblich dazu bei, die Gesundheitsversorgung aller zu sichern.

Doch lassen Sie uns einen Schritt weiter gehen: Wie ticken Pflegefachpersonen eigentlich so? Und vor allem: Wie stehen sie zu ihrem Beruf?

3.

„WeCare4Us“ – Zukunfts-psychologische Studien zur Pflege

Thomas Druyen

Christine bringt es auf den Punkt: Wir brauchen ein Gesundheitssystem, in dem alle Berufsgruppen mit ihren jeweiligen Kompetenzen gleichberechtigt zusammenarbeiten.[23] Das ist noch nicht der Fall, und historisch ist die berufliche Hierarchie immer noch, auch gesetzlich, die Vorgabe. Um vor diesem Hintergrund die Positionen der Gesundheitsfachberufe zu beleuchten, gibt es Untersuchungen. Die opta data Zukunfts-Stiftung in Kooperation mit dem Institut für Zukunftspsychologie und -management der Sigmund Freud PrivatUniversität in Wien führt diese Analysen für alle Fachberufe durch. Speziell zur Pflege gibt es zwei, die ich im Folgenden kurz vorstelle.[24]

„WeCare4Us" – Herausforderungen in der Pflege

Der Titel der „WeCare4Us-Studie – Eine Analyse über die Zukunft der stationären Pflege aus Sicht der Pflegekräfte" ist bewusst gewählt.[25] Es geht um die Pflegenden, um ihr Recht, sich zu äußern, und vor allem, gehört zu werden. Die Gespräche wurden im Jahr 2022 in der Corona-Hochzeit an der Universitätsklinik Essen durchgeführt. Befragt wurden 210 Pflegefachkräfte aus allen Bereichen in einstündigen Interviews und nachträglich mit statistischen Fragebögen. Die Basis der Befragung liefert der

„Zukunftskompass“[26], bei dem verschiedene Lebens- und Arbeitsbereiche mit Blick in die Zukunft erfragt werden. Es folgt eine kurze Skizze. Weitere Informationen bietet die statistische Auswertung des Studienreports, aus der die folgenden Ergebnisse und Zahlen stammen.[27]

Diese statistische Auswertung der Studie bietet einen tiefen Einblick in die gegenwärtigen Herausforderungen von Pflegefachpersonen in Deutschland. Die Untersuchung hebt die zunehmende Arbeitsbelastung hervor: 87,4 Prozent der Befragten erwarten, dass diese in Zukunft zunimmt.[28] Diese Belastungen spiegeln sich in einem Anstieg von Überstunden und Schlafstörungen wider.

» **Von den Befragten geben 73,7 Prozent[29] an, durch fortlaufende Überstunden belastet zu sein, während 63,5 Prozent[30] Schlafstörungen aufgrund von Problemen am Arbeitsplatz erleben.**

Eine kritische Beurteilung der Entwicklungen im Fachbereich und die pessimistische Einschätzung von 70,7 Prozent der Pflegefachpersonen bezüglich ihrer beruflichen Zukunft verdeutlichen, dass dringender Handlungsbedarf besteht.[31]

Die zunehmende Arbeitsbelastung in der Pflegebranche manifestiert sich in vielfältigen Facetten, die von der WeCare4Us-Studie präzise beleuchtet werden. Ein erheblicher Anstieg von physischem und psychischem Stress ist eine weitreichende Folge, die sich auch auf das Privatleben auswirkt. Die kritische Einschätzung der eigenen Zukunftsaussichten reflektiert eine tiefgreifende Unzufriedenheit und Unsicherheit innerhalb der Berufsgruppe.

» Der Pflegeberuf mit seiner hohen gesellschaftlichen Relevanz sieht sich mit gravierenden Problemen konfrontiert, die nicht nur das Wohlbefinden der Pflegefachpersonen selbst, sondern auch die Qualität der Leistungen für die Patientinnen und Patienten schmälern.

Vor diesem Hintergrund wird deutlich, dass die Arbeitsbedingungen in der Pflege einer nachhaltigen Neuausrichtung bedürfen und den Pflegefachpersonen selbst eine Perspektive für eine erfüllende berufliche Zukunft geboten werden muss.

Wie geht es weiter?

Die Zukunftsvisionen und langfristigen Ziele der Befragten werfen dennoch ein ermutigendes Licht auf die Perspektiven dieser Berufsgruppe.

> » Trotz der gegenwärtigen Herausforderungen stehen Menschlichkeit und Empathie im Mittelpunkt ihrer Visionen.

Der vordringliche Wunsch ist laut Studie, mehr Zeit für die direkte Betreuung der zu Pflegenden zu haben. Dieses Bedürfnis unterstreicht die intrinsische Motivation der Pflegefachpersonen, sich intensiver der Pflege und dem Wohl der Patienten und Patientinnen statt der überwuchernden Dokumentation und Bürokratie zu widmen. 44 Prozent der Befragten sehnen sich nach Lösungen für dieses Problem.[32]

Digitalisierung

Die Digitalisierung ist in vielen Teilen des Gesundheitssystems theoretisch betrachtet bereits ein alter Hut. In der Realität ist es das Gegenteil. Daher zeigt die Studie in Bezug auf Digitalisierung eine ambivalente Haltung der Pflegefachpersonen. Die unterschiedlichen Einschätzungen lassen sich auf das Alter, die beruflichen und privaten Technikerfahrungen der Befragten zurückführen, auch sie sind mindset-bedingt. Die Digitalisierung, die in vielen Branchen als Chance für Effizienz und Verbesserungen gilt, stößt in der Pflege zum Teil auf Bedenken und Unsicherheiten. Beklagt werden zu komplexe und unpassende Software, technische Probleme sowie fehlende Zeit für Fortbildungen in diesem Bereich. Das heißt nicht, dass die Arbeit mit digitalen Geräten generell abgelehnt wird. Im Gegenteil, 64 Prozent der Befragten erhoffen sich durch digitale Technologien, wie zum Beispiel E-Rezept oder digitale Patientenakten, eine deutliche Arbeitserleichterung und begrüßen die papierlose Kommunikation.[33] Dennoch äußern 19 Prozent Bedenken, durch den vermehrten Einsatz von digitalen Werkzeugen könnte die Menschlichkeit auf der Strecke bleiben.[34] Diese Spannung verdeutlicht, wie notwendig es ist, Technologien im Pflegebereich ausgewogen und mit Bedacht einzusetzen und dabei den menschlichen Aspekt zu berücksichtigen. Dementsprechend hebt die Studie den hohen Stellenwert von Weiterbildungen hervor. 22 Prozent der Pflegefachpersonen wünschen sich mehr Möglichkeiten, sich digital weiterzubilden.[35] Viel mehr von ihnen glauben, dass die neuen Technologien enorme Vorteile bringen werden. Aber die mühsame Umsetzung und fehlende Gelegenheiten, sich Kompetenzen anzueignen, machen sie mürbe. Noch heißt Digitalisierung vielfach gravierender Mehraufwand. Die jungen Generationen haben hier einen Vorteil.

Herausforderungen für die Zukunft

Die Studie überrascht durch das beeindruckende Innovationspotenzial innerhalb der Pflegebranche. 39 Prozent der Befragten artikulierten kreative Lösungsansätze zur Weiterentwicklung der Digitalisierung, zu effizienteren Arbeitsprozessen und zur Verbesserung der Pflegekultur.[36]

> **» Diese Innovationsfreude verdeutlicht, dass die Branche keineswegs statisch ist, sondern sich aktiv mit ihren Herausforderungen auseinandersetzt und nach zukunftsweisenden Lösungen sucht.**

Aber der manchmal von Studienteilnehmenden und in der Community verwandte Begriff „Pflexit" besagt auch: Es ist fünf nach zwölf. Das alles durchdringende Mantra heißt: keine Zeit. Keine Zeit für die zu Pflegenden, keine Zeit am Bett, keine Zeit für Freizeit, keine Zeit für das Privatleben.

Pflegefachpersonen sehnen sich nach stabilen Arbeitsmodellen, die ihnen Planbarkeit bieten. Ein weiterer Aspekt ist das Bedürfnis nach einem verbesserten Austausch zwischen den Berufsgruppen. Christine bestätigt diesen Wunsch, wenn sie schreibt: „Daher ist ein Gesundheitssystem ent-

scheidend, in dem die Berufsgruppen zusammenarbeiten und ihre Kompetenzen gleichermaßen einbringen können – zum Wohle der Bevölkerung."
(→ Kapitel 2)

Da sind wir wieder bei der Notwendigkeit der Vernetzung. Die Studie zeigt, die Pflege ist isoliert und unterbewertet. Diese Probleme kennt sie seit Jahren, aber die möglichen Lösungen werden interessenbedingt verdrängt. Die Veränderungsbereitschaft ist groß, noch größer scheint jedoch die Genervtheit und Erschöpfung. Der Weg vom „Wir sind die Fußabtreter" zum „Wir haben einen Traumjob" scheint konkrethisch lösbar, aber die Mindsets der Beteiligten unterscheiden sich noch deutlich.

Zu dieser Einsicht kommt auch unsere Rettungsstudie, auf die ich hier nur verweise.[37] Insgesamt ist das deutsche Gesundheitswesen ein komplexes System, in dem alle Teile miteinander verwoben sind. Die Ergebnisse dieser beiden Studien sind vergleichbar und zeigen ähnliche Defizite:

- Pflegende und Rettende sind stark fremdbestimmt und dürfen ihre Fähigkeiten nicht immer anwenden.
- Sie erhalten in Bezug auf ihre gesellschaftliche Bedeutung zu wenig Wertschätzung und sie müssen deutlich planungsfähiger sein können, was ihre Lebens- und Arbeitszeit angeht.

Ein umfassendes Verständnis der Zusammenhänge zwischen diesen Faktoren ist daher unerlässlich, um eine effiziente, qualitativ hochwertige und nachhaltige Gesundheitsversorgung zu gewährleisten.

In der Gemeinschaft der Gesundheitsakteure und -akteurinnen spielen die einzelnen Fachberufe eine große Rolle, auf denen die unterschiedlichen Haltungen basieren. Im Zentrum des Systems steht die Pflege, vor allem als Werthaltung und Grundüberzeugung, in welcher Funktion man Menschen gegenübertritt.

> » Alle im Gesundheitswesen Tätigen sind Versorgende. Es sollte in diesem respektvollen Verständnis keinen Unterschied machen, ob man als Ärztin oder Arzt, Pflege- oder Rettungskraft, auf der Intensivstation, im Krankenhaus, im Altenheim, in der Kinderklinik oder auf der Palliativstation den Patienten und Patientinnen sein Leben widmet.

Die Babyboomer als Problem und Lösung

Kommen wir zu unserer nächsten Studie, der Babyboomer-Studie.[38]

> **» Die Auswirkungen des demografischen Wandels treffen die Pflege wie ein Bumerang.**

Das wird mit Problemen verbunden sein, die bisher ignoriert worden sind. Konkrethisch betrachtet ist das ein Skandal, da diese Tatsachen seit Jahrzehnten bekannt sind und sich durch endlose Verzögerung möglicher Lösungen Kosten und Nachteile potenziert haben.

Neunzehn Millionen „Babyboomer" als absolut geburtenstärkste Generation in Deutschland prägten in den 1980er- und 1990er-Jahren eine einzigartige Ära des Aufbruchs und trugen zum wirtschaftlichen Wachstum und zur Stärkung des Landes bei.[39]

> **» Jetzt, in ihrem dritten und bald im vierten Lebensabschnitt, beeinflussen ihre Handlungen maßgeblich die Zukunft aller Generationen, inklusive der Pflege.**

Ihr Mindset ist ein entscheidender Faktor, Entwicklungen zu bremsen oder Veränderungen voranzutreiben. Es stellt sich die Frage, wie sie mit möglicher Pflege- oder Hilfsbedürftigkeit umgehen. Das war der gedankliche Ausgangspunkt dieser Studie, die ich nun kurz skizziere und aus der auch die folgenden Ergebnisse und Zahlen stammen.

Demografischer Wandel und die Herausforderungen für die Pflege

Die Babyboomer stehen als die erste Generation in der Menschheitsgeschichte vor der Herausforderung, die Pflege im Umgang mit fünf Generationen zu managen.

> » **Aufgrund ihrer einzigartigen Position haben sie bereits die Pflege der Großeltern miterlebt, sich um ihre Eltern, Kinder und Partner gekümmert oder tun es noch. Jetzt müssen sie über ihre eigene Pflege entscheiden und überfluten dabei die Gesundheitsbranche, die bereits heute unter einem Mangel an Fachkräften leidet.**

In der Zukunftsperspektive dieser Generationen sind auch noch die Enkelkinder enthalten, deren Gesundheitsversorgung präventiv mitgedacht werden sollte.

Ein fatales Ergebnis gibt der Studie ihren Titel: „Die Babyboomer-Generation läuft blind in die Pflege-Katastrophe". 84 Prozent der Befragten sind der Meinung, dass die Realität die Planung sowieso überrollt. 77 Prozent nehmen es, wie es kommt, und 51 Prozent ist das Thema Pflege ohnehin unangenehm.[40] Die Mindsets sind überwiegend fatalistisch und Prävention ist rar. Fast die Hälfte der Babyboomer (47 Prozent) hat bereits persönliche Erfahrungen mit der Pflege von nahen Angehörigen gemacht.[41]

Die Studie zeigt, dass die Pflegebedürftigkeit oft früher beginnt als angenommen. Etwa 50 Prozent der zu pflegenden Männer sind jünger als 75 Jahre, bei Frauen liegt der Vergleichswert bei 79 Jahren. Mehr als 25 Prozent der Pflegebedürftigen waren im Durchschnitt 67 Jahre (Frauen) und 72 Jahre (Männer) alt.[42] Je älter die Menschen werden, desto stärker steigt die Anzahl der Pflegebedürftigen.

›› Dabei muss betont werden, dass sowohl Frauen als auch Männer ihre persönlichen Pflegerisiken tendenziell unterschätzen, wobei Frauen dies stärker tun als Männer.

Laut der vorgelegten Zahlen schätzen Frauen das Risiko, auf Pflege angewiesen zu sein, auf 48 Prozent, während es tatsächlich bei 75 Prozent liegt. Männer schätzen es auf 41 Prozent, während es de facto bei 50 Prozent liegt.[43] Die Kosten der Pflege werden ebenfalls völlig falsch eingeschätzt. Entweder liegt die Schätzung deutlich über einer realistischen Summe und sorgt so für Resignation, oder sie werden unterschätzt, wodurch im Pflegefall die Wirklichkeit wie ein Hammer wirkt. Nur 6,5 Prozent der Befragten konnten die Kosten richtig einschätzen.[44]

›› Die Studie zeigt, dass nur 22 Prozent der Befragten für ihre eigene Pflegesituation konkret vorgesorgt haben.[45]

Eine fatale Sachlage, weil die Planung maßgeblich für eine gute Pflege im Alter notwendig ist. Informationen und Erfahrungen im Zusammenhang mit Pflege beeinflussen das Risikomanagement. Menschen mit mehr Kenntnis über Demografie und Pflegekosten planen ihre Pflege eher als Menschen mit Unkenntnis. Aber selbst von denjenigen, die ihre Pflege inhaltlich planen, befassen sich die wenigsten mit ihrer Finanzierung. Viele sehen den Staat in der Verantwortung, die Pflege zu regeln, nicht sich selbst.

» Die Verdrängungsthematik, die in den Daten besonders deutlich wird, zeigt, dass viele Babyboomer die Herausforderungen der Pflege tabuisieren.

Dieses Mindset kennen wir – es scheint repräsentativ für unsere ganze Gesellschaft zu sein, nicht nur, was Pflege angeht. Wir handeln fast immer zu spät, obwohl wir die Zukunft genau kennen. Auch unter den Babyboomern sind Menschen, die die Vorteile der künstlichen Intelligenz, Präzisionsmedizin und Langlebigkeitsoptionen gut einschätzen können. Dennoch warten die meisten, bis der lange angekündigte Ernstfall eintritt, und handeln erst dann – ohnmächtig, notgetrieben und extrem kostspielig.

» Müssen es die Pflegefachpersonen ausbaden?

4.

Profession und Professionalität

Christine Vogler

Pflegende können ihre Arbeitswelten gut beschreiben, sind zutiefst mit den Idealen ihres Berufes verbunden und bringen spezifische Lösungen hervor. Sie zeigen eine hohe Motivation und können Ideen generieren. Was für ein Potenzial!

Der große Wunsch, bei weniger Arbeit den gleichen Lebensstandard zu erhalten und die Zukunft zu gestalten, führt heute zu einer schwierigen Gemengelage. Und unsere Babyboomer? Die Situation dieser starken Generation beschreibt Thomas im vorhergehenden Kapitel prägnant (→ Kapitel 3). Worauf wir vor allem achten müssen – wir dürfen die Last der demografischen Situation nicht den jungen Generationen aufbürden. Die Babyboomer dürfen in ihrem Ruhestand und Rentendasein nicht auf die Couch (→ Kapitel 9).

Nehmen wir die Erkenntnisse aus den genannten Studien auf, stellt sich die Frage, was es braucht, um mit diesem Wissen die Realität zu verändern. Grundvoraussetzung für eine lebendige Veränderungskultur sind Kompetenz und Mitsprache. Eine hohe intrinsische Motivation und Idealismus zeigen die Pflegefachpersonen sowohl in jeder Befragung als auch in persönlichen Gesprächen. Darüber hinaus ist es nötig, individuell und gesellschaftlich das Verständnis zu entwickeln, dass Pflege eine Profession ist und nicht auf Opferbereitschaft fußt.

Professionalität zu entwickeln und in die Praxis umzusetzen gehört zu jeder Profession. Professionalität bedeutet, kompetent und verantwortungsbewusst zu sein, ethische Grundsätze einzuhalten und Integrität zu wahren, kommunikationsfähig zu sein, im Team arbeiten zu können, kritisch zu denken, Widersprüche auszuhalten, flexibel und am Ende auch noch respektvoll und höflich im Umgang mit sich und anderen zu sein.

Über die Profession Pflege selbst dachten wir bereits an anderer Stelle nach (→ Kapitel 2). Wie kommt die Profession Pflege dazu, ihre Professionalität in die Tat umzusetzen? Wie entstehen die einzelnen oben aufgeführten Komponenten der Professionalität?

> **» Das mächtigste Werkzeug, um Kompetenzen, Werte und Haltungen zu formen und zu entwickeln, ist Bildung.[46]**

Um aktiv, verantwortungsvoll und ein informiertes Mitglied unserer Gesellschaft zu sein, braucht es Bildung. Bildungswege und Zugänge zur Bildung müssen für alle Menschen erreichbar sein – ein Leben lang. Um aktiv, verantwortungsvoll und ein informiertes Mitglied der Profession Pflege zu sein, braucht es ebenso Bildung, Bildungswege und Zugänge zur Bildung für alle Ebenen pflegerischer Versorgung.

Wie steht es um das Mindset hinsichtlich Bildung in der Pflege? Dieses Thema berührt mich ganz persönlich, da ich meinen Schwerpunkt in der Pflege auf die Gestaltung und Umsetzung pflegerischer Bildung gelegt habe. Dreißig Jahre lang habe ich als Lehrende und Leitung von und an Pflege(-schulen) gearbeitet – da ist der Einblick tief und eindrücklich.

Pflegebildung, Gesellschaft und Gesetzgebung

Ohne die Europäische Union und deren Richtlinien wären viele Reformen in Deutschland nicht möglich gewesen. Bereits 1977 legte die EU – in Anlehnung an den weltweiten Standard – den europäischen Standard im Rahmen einer generalistischen Ausbildung (also Modell Grundausbildung und danach Qualifizierung in die Fachgebiete) fest.[47] Bis zur Umsetzung benötigte Deutschland länger als alle anderen europäischen Länder. Denn erst im Jahr 2020 – ganze 43 Jahre nach der Verabschiedung – erfüllte Deutschland die vereinbarten Bedingungen. In diesen 43 Jahren schafften wir es – ganz in der Tradition von klassischen Frauenberufen –, ein niedriges Bildungs- und Lohnniveau zu verfestigen. Zugangsvoraussetzungen zum Beruf und Zugangsalter wurden in den letzten Jahrzehnten immer weiter abgesenkt. Unter anderem lautete das Argument Fachkräftemangel. Interessant – stellen wir uns einmal vor, wir würden mit diesem Argument auch andere Berufe betrachten, etwa akademische Berufsfelder. Egal welcher Schulabschluss oder welches Alter – da wo Fachkräfte fehlen, würden Absolventinnen und Absolventen aller Schularten in die Ausbildungen und Studiengänge aufgenommen werden.

So gesehen wäre ein Schulsystem, das allen Schulabgängerinnen und -abgängern sowohl Studium als auch Ausbildung ermöglicht, es wert, überdacht zu werden, denn es stünde für Chancengleichheit.

Diese Diskussion wird im Rahmen der Pflege allerdings isoliert und angesichts des zukünftigen Mangels an Versorgung geführt. Sie hat nicht die Förderung von Menschen im Sinn, sondern die vermeintliche Sicherung der Versorgung, indem sie Masse schafft. Am Ende bleibt der Eindruck bei allen: Pflege dient, Pflege können alle, Pflege hat nichts mit Kompetenz zu tun. Was für ein Irrsinn für die Menschen, die irrtümlich in die Pflege mit falschen Erwartungen schlittern. Und was für eine Ignoranz gegenüber denjenigen, die hoch motiviert eine Pflegeausbildung oder ein Pflegestudium beginnen! Darüber entsteht einer so wichtigen Berufsgruppe ein riesiger Imageschaden.

Bildung und Berufsautonomie

Trotz aller deutschen Sonderwege – aufbauend auf vielen nationalen Modellausbildungsgängen[48] – und daraus gewonnenen bildungswissenschaftlichen Erkenntnissen, trat mit dem „Gesetz über die Pflegeberufe“ (oder Pflegeberufegesetz, kurz PflBG) am 1. Januar 2020 eine weitreichende Reform der Ausbildungen in den Pflegeberufen in Kraft.[49]

> **» Nach 42 Jahren orientiert sich dieses neue Pflegeberufegesetz an den Richtlinien des Rates der Europäischen Union und leistet damit einen ersten Beitrag zur einheitlichen und flexibleren internationalen Anerkennung beruflicher Qualifikationen in der Pflege.**

Die heutige Ausbildung sichert die Pflege von Menschen aller Altersgruppen in verschiedenen Sektoren. Arbeit in der Pflege bedeutet ab sofort, offene und transparente Karrierewege einschlagen zu können. Theoretisch. So ist es gedacht. Wenn da nicht noch die Sache mit dem Föderalismus wäre. Und die Handlungsautonomie.

Zum Föderalismus

Eine einheitliche Bildungsarchitektur der Profession Pflege – also der Weg von der Pflegefachassistenzausbildung zur Pflegeprofessur an der Universität – scheitert daran, dass bis heute nur die Pflegeausbildung und das Pflege(grund)studium bundeseinheitlich geregelt sind. Alles andere, wie etwa die Pflegefachassistenz, alle Weiterbildungen oder die Studiengänge im Bereich Management und Pädagogik, überlässt der Bund den Ländern, was an den konkurrierenden Wegen der Gesetzgebung in Deutschland liegt. Der Bundesgesetzgeber kann nur den Zugang zum Beruf regeln, nicht aber die Ausübung des Berufes selbst.

Der Gesetzgeber regelt die konkurrierende Gesetzgebung im Grundgesetz, speziell in den Artikeln 72 und 74.[50] Dies ermöglicht eine flexible Anpassung der Gesetze und Regelungen an regionale Besonderheiten und Bedürfnisse, während gleichzeitig eine übergeordnete Koordination und Standardisierung durch den Bund sichergestellt wird. Der Bereich der Gesundheitspolitik fällt unter die konkurrierende Gesetzgebung, was bedeutet, dass sowohl der Bund als auch die Länder regulierend eingreifen können. Der Bund kann beispielsweise durch Gesetze im Rahmen der konkurrierenden Gesetzgebung einheitliche Standards für die Ausbildung von Gesundheitspersonal, die Zulassung von Medikamenten und medizinischen Geräten oder die Regelungen zur Krankenversicherung setzen. Die Länder haben jedoch weiterhin Spielraum für eigene Regelungen, um auf spezifische regionale Herausforderungen reagieren zu können.

» Auf dieser Grundlage hat der Gesetzgeber die Möglichkeit, die Ausbildungsstrukturen der Pflege und der Gesundheitsfachberufe auf der Bundesebene zu regeln.

Pflegefachassistenz, Weiterbildung und Masterstudium obliegen den Ländern, die diese Regelung im Sinne „Jedem sein eigenes Königreich" nutzen. Das ist ein Problem, etwa kann eine Pflegefachperson keine durchgängige Karriere machen, sobald sie in ein anderes Bundesland zieht. Gemeinsame Regelungen haben die Länder bis zur Drucklegung dieses Buchs nicht zustande gebracht. Statt Bildungsvielfalt herrscht häufig Chaos.

Übersichten zu Qualifizierungs- oder Karrieremöglichkeiten für Berufseinsteigende existieren nicht, weil es durch die unterschiedlichen Zuständigkeiten und fehlenden Absprachemechanismen keine geregelte Durchlässigkeit im Bildungssystem gibt. Qualifizierende Weiterbildungen und Masterstudiengänge

oder die Pflegefachassistenzausbildung obliegen eben den Ländern. Die Folge sind 27 verschiedene, zumeist einjährige Ausbildungen in Pflegehilfe und Pflegeassistenz.[51] Pflegerische Weiterbildungen werden berufsgruppenfremd durch die Deutsche Krankenhausgesellschaft [52], ärztliche Fachgesellschaften [53] bzw. Landesbehörden entwickelt.
Studiengänge gibt es mehr als 230 – wie viele es genau sind und in welcher inhaltlichen Ausrichtung es sie gibt, ist über die Studienportale nicht verlässlich abrufbar.

Einheitliche Bildung auf allen Ebenen sichert berufliche Emanzipation und Handlungskompetenz. Doch dazu braucht es klare Strukturen, denn sowohl die Pflegenden als auch die Pflegeempfangenden müssen wissen, was welche Pflegefachperson mit welcher Qualifikation am Ende kann. Neue Berufsfelder wie Community Health Nurse, Schulgesundheitsversorgung, Pflegefachpersonen im Katastrophenschutz etc. müssen inhaltlich übergeordnet entwickelt und geregelt werden – zumal, wenn sich daran auch Handlungskompetenzen festmachen.

Handlungskompetenzen

» Wundmaterial verschreiben?
Schmerzmittel anordnen?
Inkontinenzmaterial bereitstellen?
Aufklärungsgespräch führen?
In Deutschland darf das nur der Arzt und die Ärztin.

Die derzeitige und vor allem zukünftige pflegerische Unter-, Minder- und Fehlversorgung in Deutschland kann nur reduziert werden, wenn alle an den Pflegebedürftigen oder Patienten und Patientinnen arbeitenden Berufsgruppen befähigt werden, im Sinne ihrer beruflichen Handlungskompetenzen Entscheidungen souverän zu fällen und Maßnahmen durchzuführen.

Dazu sind Qualifizierungsstrukturen nötig, die bundeseinheitlich sind und entsprechend die Leistungsrechte abbilden. Das bedeutet, dass die Pflegefachperson selbstständig entscheidet, ob ein Pflegehilfsmittel wie eine Lagerungshilfe gebraucht wird. Sie ordnet es an und rechnet mit der Kasse ab. Gleichzeitig müssen die momentan gültigen Leistungskataloge, die Pflege in mikroskopisch kleine zu dokumentierende Fragmente zerlegt, durch eine Art Versorgungspauschale abgelöst werden. Hierbei können die Pflegefachperson und der Patient oder die Patientin nach Bedarf entscheiden, was gerade benötigt wird. Derzeit ist genau das nicht möglich. Ohne eine neue bzw. überhaupt existierende leistungsrechtliche Verankerung haben Leistungserbringende und auch Kostenträger kein Interesse an einer bedarfsangemessenen pflegefachlichen Versorgung. Diese Voraussetzungen existieren in Deutschland bisher nicht. Die Pflegeprofession braucht staatlich autorisierte Verwaltungsstrukturen, die im Versorgungssystem neben der Leistungspalette die professionelle (Weiter-)Entwicklung und den Umbau im System verantwortlich sicherstellen.[54] Kurz gesagt: Lasst uns unsere Arbeit machen und lasst uns unsere Leistungen selbstständig abrechnen.

Es scheint Licht am Ende des Tunnels. Mit der Neueinführung des Pflegeberufegesetzes im Jahr 2020 finden wir erstmalig im Paragraf 4 „Vorbehaltene Tätigkeiten", die ausschließlich Angehörige der Pflegefachberufe ausüben dürfen.[55] Dazu zählt etwa Mobilisationshilfen anordnen, da Bewegungseinschränkungen im Rahmen der pflegerischen Betreuung festgestellt werden. Oder ein aufklärendes Gespräch mit einer krebserkrankten Patientin über die Nebenwirkung von Krebsmedikamenten zu führen. Oder eine Einstufungsprüfung zur Feststellung der Pflegebedürftigkeit durchführen.

» Dieser Paragraf 4 ist ein Meilenstein, denn das erste Mal werden professionell Pflegenden Aufgabenfelder zugewiesen, in denen sie im Rahmen ihrer Fach- und Kernkompetenz autonom entscheiden und handeln können.

Die gesetzlich geregelte Verantwortungsübertragung vorbehaltener Tätigkeiten unterstreicht die Kernkompetenzen professioneller Pflege. Darüber hinaus wird die Position von Pflegefachkräften in der gesundheitlichen Versorgung gestärkt. Der Gesetzgeber scheint entschlossen zu sein, diesen Weg weiterzugehen. Im Dezember 2023 legte das Bundesministerium für Gesundheit Eckpunkte für ein Pflegekompetenzstärkungsgesetz vor (was uns berufspolitisch Aktiven die Freudentränen in die Augen trieb).[56] Jahrzehntelanges Engagement, Anstoßen von Gesprächen, Heranziehen von Forschungen, Auswertung von Befragungen und Statistiken und unzählbare Stunden Ehrenamt – das Ergebnis ist ein Beweis für Konkrethik.

5.

Würde

Thomas Druyen

Im Kapitel 4 wurde deutlich, dass die Regelung der beruflichen Ausbildung, die konkurrierende Gesetzgebung und Wertschätzung der Pflege problematisch sind. Nach Jahrzehnten des halbherzigen Handelns auf Gesetzgeberseite zeigt uns Christine Licht am Ende des Tunnels. Aus zukunftspsychologischer Sicht wird der Beruf der Pflegefachperson noch würdelos behandelt.

Kaum ein Beruf bedarf so fundamental der Würde wie die Pflegeprofession. Man kann sagen, die Würde ist ihr Ziel- und Ausgangspunkt. Die Pflegeprofession ist zutiefst konkrethisch, denn ihre Leistung liegt im guten Tun. Absichten und Ankündigungen sind substanzlos, nur das Handeln bewirkt etwas.

> **» In dem Drahtseilakt zwischen Leben und Tod, Schmerz und Heilung, Angst und Zuversicht, Übergriff und Verdrängung sind die würdevolle Akzeptanz der zu Pflegenden und die würdevolle Empathie gegenüber allen Beteiligten, nicht zuletzt gegenüber sich selbst, alternativlos.**

Der Staat, das Gesundheitssystem und die Bevölkerung müssen sich fragen, ob sie diese Würde überhaupt wahrnehmen.

Pflegefachpersonen arbeiten mit verletzlichen und bedürftigen Menschen.

> » **Die Achtung ihrer Würde bedeutet, sie nicht nur als Empfängerinnen und Empfänger von Pflegeleistungen zu sehen, sondern als Persönlichkeiten mit individuellen Bedürfnissen, Wünschen und Ängsten.**

Sie haben ein Recht auf respektvolle Kommunikation und darauf, in Entscheidungen einbezogen zu werden. Zweitens bedarf es der Achtung der Privatsphäre – der sorgfältige Umgang mit persönlichen Informationen ist wichtig und die Autonomie der zu Pflegenden muss gewahrt bleiben. Darüber hinaus spielt das Einfühlungsvermögen eine wesentliche Rolle, um ihre emotionalen und psychologischen Bedürfnisse berücksichtigen zu können.

Aus der Zukunftspsychologie weiß ich, dass nichts ohne sein Gegenteil wahr ist. Daher ist das Gegenteil von Würde ein elementarer Faktor, der unzumutbare Situationen provoziert. Dazu zählen Übergriffe sexueller oder seelischer Natur. Immer wieder wird die Enttabuisierung dieses Themas in der Pflege gefordert und doch verhallt diese Forderung oft ungehört. Die Gesellschaft darf da nicht wegsehen, weil die Pflegefachkräfte oft die Opfer sind.

Zuweilen aus Angst vor Sanktionen sprechen sie nicht über solche Vorfälle.

» Gewalt in der Pflege ist der berühmte Elefant im Raum, sie ist ein offensichtliches Übel, über das kaum gesprochen wird. Ändern wir es.

Der respektvolle Umgang mit Kolleginnen und Kollegen ist ebenfalls ein Ausdruck von würdigem Umgang und wiederum eine konkrethische Säule des Berufes. Es braucht gegenseitige Unterstützung, Solidarität, Respekt und die Anerkennung der Kompetenzen jeder und jedes Einzelnen. Auch die Schwächen, Launen, Sorgen und Schicksale der Mitwirkenden müssen im Kollegium wahrgenommen werden, und es braucht zuweilen Großmut und Verständnis.

» Pflege als Beruf ist wahrlich keine Wohlfühloase, umso mehr gebührt ihm Hochachtung – sowohl vom Kollegium und den zu Pflegenden als auch von der Gesellschaft.

Pflegende müssen auch mit den Angehörigen umgehen, auch hier ist Würde gefragt. Es ist wichtig, deren Sorgen und Bedürfnisse ernst zu nehmen. Angehörige sind oft in einer emotional angespannten Situation und benötigen Unterstützung und Verständnis. Ein würdevoller Umgang beinhaltet offene und ehrliche Kommunikation. Angehörige haben das Recht, klar über den Zustand und die Behandlung der zu pflegenden Person informiert zu werden, ohne dass falsche Hoffnungen geweckt werden oder belastendes Verhalten immer berichtet wird.

Herausforderungen im Pflegeberuf

» Dazu gehört auch das Thema der Würde in der Aus- und Weiterbildung von Pflegepersonal.

Für die Zukunft des Metiers, des Gesundheitswesens und der Gesellschaft spielt der Nachwuchs eine existenzielle Rolle. Also sollte die berufliche Würde nicht nur ein Lippenbekenntnis, sondern konkrethische Tatsache sein. Wichtige Kriterien sind Anstand und professionelle Verantwortung. Es ist wichtig, dass Pflegefachpersonen lernen, konkrethische Prinzipien in ihren Alltag zu integrieren. Dazu gehört das Verständnis der Würde als fundamentaler Wert, der respektvolle Umgang mit zu Pflegenden und Angehörigen sowie eigene Grenzen zu erkennen und Verantwortung zu übernehmen.

» Dies beinhaltet auch, die Grenzen anderer am Pflegeprozess Beteiligter anzuerkennen und eine selbstbewusste Haltung einzunehmen.

Die Wahrung von Würde darf keine Einbahnstraße sein. Um dies erfolgreich um- und sich bei Bedarf auch durchzusetzen, braucht es Kommunikationskompetenzen, und die müssen erlernt werden.

» Effektive Kommunikation ist unerlässlich für die Wahrung der Würde.

Die Wahrung der Würde in der Zusammenarbeit im Kollegium ist ebenfalls unerlässlich. In einem Krankenhaus gibt es regelmäßige Treffen zwischen Pflegefachpersonen, ärztlichem und therapeutischem Personal, um die Pflegepläne zu besprechen. Dabei sollte jeder Profession Respekt, Wertschätzung und Offenheit entgegengebracht werden. Dies ist leider nicht immer der Fall, in manchen Umfeldern gehören Stress und Angst in der Zusammenarbeit dazu. Hierarchiegebaren und die weitgehend dominante Funktion der Ärzteschaft machen gegenseitige Wertschätzung und Würde zu einer Herausforderung, zu einer Zukunftsaufgabe.

» Allen voran sollte die Ärzteschaft Pflegefachpersonen als gleichwertiges Gegenüber im Gesundheitswesen anerkennen.

Dies bedeutet, ihre fachliche Expertise zu respektieren, ihre Meinungen in Entscheidungen einzubeziehen und eine Kultur der Zusammenarbeit zu fördern. Das beinhaltet, ihnen mehr Verantwortung und Handlungskompetenzen zu übertragen, damit Ärzte und Ärztinnen im Prozess weniger das Nadelöhr darstellen.

Das Gesundheitswesen ist stark von ökonomischen und strategischen Überlegungen geprägt. Hinsichtlich Erfolgsfaktoren oder Renditeerwartungen spielt die Pflege eine untergeordnete Rolle.

» Aber eine konkrethische Evaluation weist der Pflege eine viel umfassendere Stellung zu, denn ohne Pflegefachpersonen und Gesundheitsfachberufe kollabiert das ganze System.

So sollten sich Krankenhausleitungen und Geschäftsführungen von Kliniken und Altenheimen nachhaltig für angemessene Arbeitsbedingungen, faire Bezahlung und Möglichkeiten zur beruflichen Weiterbildung einsetzen. Indem sie eine Kultur der

Wertschätzung und des Respekts schaffen, fördern und verändern sie die Wahrnehmung der Pflege und würdigen sie in angemessener Weise.

Auch die Krankenkassen können die existenzielle Rolle der Pflegefachpersonen in der Gesundheitsversorgung umfassender anerkennen und aufwerten. Dies beinhaltet die Unterstützung von Maßnahmen, die zur Verbesserung beitragen.

> **» Letztlich sind Politik und Gesundheitsministerien autorisiert, geeignete Rahmenbedingungen zu schaffen, die die Würde der Pflege unterstützen.**

Dies umfasst die Bereitstellung ausreichender finanzieller Mittel, die Förderung von Bildungs- und Karrierewegen sowie die Verabschiedung von Gesetzen und Richtlinien, die sowohl die Arbeitsbedingungen in der Pflege als auch die Patientenversorgung verbessern.

Beim Thema Würde spielt die gesamte Gesellschaft eine entscheidende Rolle bei der Wertschätzung der Pflege. Dies beginnt damit, die Bedeutung und den Wert der Pflegearbeit anzuerkennen.

» Kampagnen zur Sensibilisierung, Bildungsprogramme und öffentliche Diskussionen tragen dazu bei, das Bewusstsein für die Herausforderungen der Pflege zu schärfen.

Diese Aufmerksamkeit, die während der Corona-Pandemie vorherrschte, ist schnell verflogen. In unseren oben erwähnten Studien wurde es offensichtlich, dass Menschen kaum über Pflege präventiv nachdenken, sondern immer erst dann, wenn der Notfall oder die Unausweichlichkeit vor der Tür steht. Es ist ein Mindset-Problem, dass die Bevölkerung dazu neigt, sich nicht vorausschauend mit möglichen gesundheitlichen Beeinträchtigungen auseinanderzusetzen, sondern erst dann, wenn der Schaden bereits eingetreten ist. Konkrethisches Verhalten bedeutet das Gegenteil: Es gilt, sich so schnell wie möglich in diese zukünftige Lebenslage hineinzuversetzen.

» Die Stärkung der Würde in der Pflege ist somit eine ultimative, gemeinschaftliche Aufgabe, die ein Umdenken und Engagement auf allen Ebenen erfordert.

Sie ist nicht nur für die Pflegefachpersonen selbst von Bedeutung, sondern auch für die Zukunft des Menschen und für das Wohlbefinden der Gesellschaft als Ganzes.

6.

Gerechtigkeit und Gesellschaft

Christine Vogler

Thomas schreibt, dass die Wahrung von Würde keine Einbahnstraße sein dürfe (→ Kapitel 5). Wie schwierig das manchmal ist, zeigte sich während der Corona-Pandemie, als sich die Anerkennung pflegerischer Leistung durch das Klatschen der Bevölkerung weltweit äußerte. Das Symbol des Klatschens als Anerkennung für die geleistete Arbeit ist bei den Pflegenden angekommen.

Eine angemessene und wertschätzende Konsequenz wäre nun eine politische Reaktion.

> **» Dazu gehört, Gesetze zu schaffen, die Arbeitsbedingungen verbessern, Pflegefachpersonen in Maßnahmen und Entscheidungen miteinzubeziehen, angemessene Löhne zu sichern und Handlungsautonomie zu garantieren.**

Und es gilt, Bildungsstrukturen zu entwickeln, um die Gesundheitsversorgung in Zukunft zu sichern und damit Gesellschaft (Versorgung und Sicherheit) und Pflegefachpersonen (Anerkennung und Würde) gleichermaßen gerecht zu werden. Es gab und gibt viele Absichtserklärungen, aber am Ende passiert nichts, und wenn, dann ist es zu wenig und geschieht zu langsam. Die Folge: Am Ende schimpfen Pflegende über den Beifall, weil sie sich aufgrund gleichbleibend schlechter Bedingungen verraten fühlen, während die Bevölkerung aufgrund der Handlungsunfähigkeit verunsichert schweigt.

Darüber hinaus war die Diskussion um die Maskenpflicht zum Ende der Pandemie schwierig. Die Maskenpflicht ausschließlich für die Menschen im Gesundheitswesen anzuordnen, während sich die Bevölkerung der kollektiven Verantwortung für die Gesundheit entzieht, ist schwer verständlich. Aus der Gegenwart zu lernen und die Zukunft für andere zu sichern, das ist unser aller Auftrag und vor allem der Auftrag der Politik. Dazu gehört untrennbar, die pflegerische Versorgung ebenso wie die Profession Pflege zu sichern und zu stärken.

> **» Kommen wir zu einem der schwersten Versäumnisse der Politik in den letzten Jahrzehnten: die Weigerung, Institutionen zu schaffen, die die Pflege in die Strukturen des Gesundheitswesens als der Medizin gleichwertige Profession integrieren und staatlich geregelte Aufgaben an die Pflegenden übertragen.**

Bereits in den 1960er-Jahren war klar, in welche Situation wir geraten, wenn wir die Bedingungen für Pflegende nicht verändern.[57] Hätten wir in den 1980er-Jahren bereits in allen Bundesländern per

Gesetz Pflegekammern geschaffen, hätten wir heute klare Kommunikationsstrukturen für Gesellschaft und Politik, pflegerische Bildungsstrukturen wären bundeseinheitlich, transparent, international und modern, es ließen sich Daten zu Anzahl und Qualifikation von Pflegefachpersonen erheben. Dann wäre eine Versorgungsplanung möglich, Ombudsstellen sicherten sowohl Pflegebedürftige als auch Pflegefachpersonen, und es gäbe eine allgemein anerkannte Berufsordnung. Die demografische Kurve hätten wir natürlich trotzdem und alle Probleme wären damit im Versorgungssektor nicht gelöst.

> **» Wir würden auf einem ganz anderen Niveau die problematischen Inhalte diskutieren und angehen können.**

Spannend ist hier der Blick auf die Generationenfrage (→ Kapitel 9).

An dieser Stelle wollen wir nicht die ganze Misere der pflegerischen Kammergründungsbewegung in Deutschland aufzeigen. Doch ein politisch gestaltetes Gesundheitssystem, das sich mit Selbstverwaltung beschäftigt und der professionellen Pflege die Mitsprache verweigert, agiert weder wertschätzend, noch zeigt es Interesse an einer guten Versorgung der Bevölkerung. Unterfinanzierung, überflüssige, durch die Politik initiierte Befragungsaktionen [58], unwissende und auf das eigene Wahlergebnis achtende politisch Handelnde und eine desillusionierte und gekränkte Berufsgruppe haben dafür gesorgt, dass die Selbstverwaltungs- und Kammerbewegung in Deutschland herbe Rückschläge hinnehmen musste und immer noch infrage gestellt wird.

Die Wahrung von Würde ist nicht einseitig. Die Pflege lieferte und liefert schon immer unter schwierigen Bedingungen ihren Beitrag zum Gemeinwohl. Jetzt braucht es ein Gegenüber – die Politik –, das diese Leistungen zu schätzen weiß.

> **» Wir fordern die sofortige Umsetzung und Finanzierung einer souveränen und hauptamtlichen Vertretungsstruktur der Pflege in Institutionen mit staatlichem Auftrag.**

Es sind entsprechende Gesetze und Verordnungen nötig. Gesundheitspolitik umfasst die gesetzlichen Grundlagen für strategische Maßnahmen, Entscheidungen und Richtlinien der Institutionen, um die Gesundheit und das Wohlbefinden der Bevölkerung zu fördern und zu schützen.

Ohne eine starke Stimme im Gesundheitssystem und die Anerkennung der Bevölkerung wird das alles nichts. Wo sind die mutigen Politikerinnen und Politiker? Zeigt euch und handelt. Und zeigt in euren Gesetzgebungsverfahren, dass Würde sich auch daran festmacht, wie Pflege im System abgebildet wird – kompetent, mitspracheberechtigt und verantwortungsbetont.

» Denn eine würdevolle Abbildung im Gesundheitssystem ist die Grundlage einer würdevollen Versorgung der Menschen.

7.

Pflege und KI

Thomas Druyen

Christine ruft nach den mutigen Politikerinnen und Politikern. Dem schließe ich mich an, vor allem in Bezug auf das Thema Digitalisierung und künstliche Intelligenz (KI). Hier begegnet uns wieder das klassische Zögern und Zaudern. Es gibt zwar unendlich viele Informationen zum Thema, irrsinnig viele Apps und Geräte, aber gleichzeitig wissen wir, dass wir mit den USA oder China nicht mithalten können. Durch die digitalen Technologien hat sich in den letzten zwei Jahrzehnten unsere komplette Lebens- und Arbeitsweise geändert. Die Diskussionen drehen sich um die Möglichkeiten, mittels künstlicher Intelligenz noch weiter zu digitalisieren. KI ermöglicht es erst, komplexe Aufgaben zu digitalisieren, die zuvor aufgrund ihrer Komplexität gar nicht vorstellbar waren. Etwa computerisiert menschliche Emotionen und Sprache zu erkennen und zu interpretieren. Knapp gefasst kann man sagen, dass die Digitalisierung die Daten und die Plattformen liefert, während die künstliche Intelligenz Methoden und Werkzeuge bereitstellt, um aus vorhandenen Daten neue Erkenntnisse zu kreieren und selbstlernende Systeme zu entwickeln.

Was das für die Pflege bedeutet, sollten wir uns kurz anschauen, weil sich damit riesige Chancen bieten. Die Integration von Robotern, künstlicher Intelligenz und Quantenmechanik in der Pflegebranche verspricht eine nie dagewesene Entwicklung.

» **Diese Technologien bieten ein enormes Potenzial, um die Effizienz und Qualität der Pflege zu verbessern, während sie gleichzeitig die Arbeitsbelastung für Personal reduzieren.**

Werfen wir den Blick ins Jahr 2033 und sehen, was möglich sein wird. Beginnen wir mit Robotern:

Sie übernehmen routinemäßige oder körperlich anstrengende Aufgaben: das Heben und Umsetzen von Patientinnen und Patienten, die Reinigung von Räumen oder das Verteilen von Mahlzeiten.
Diese Roboter sind nicht nur in der Lage, einfache Aufgaben zu erledigen, sondern gehen auch auf die Bedürfnisse und Präferenzen einzelner Pflegebedürftiger ein. Roboter sind in der Lage, die Körpersprache und den Gesichtsausdruck zu interpretieren, und reagieren entsprechend, indem sie beruhigende Worte sprechen oder bei Bedarf das Pflegepersonal alarmieren.

» **Die künstliche Intelligenz spielt eine Schlüsselrolle in der personalisierten Pflege.**

KI-Systeme analysieren große Datenmengen – von Patientenakten bis hin zu aktuellen Gesundheitsdaten –, um individuelle Pflegepläne zu erstellen und anzupassen. Sie sagen potenzielle Gesundheitsprobleme voraus, empfehlen spezifische Behandlungen und erstellen Ernährungs- und Aktivitätspläne. Die KI reagiert auch in Echtzeit auf Änderungen beim Zustand einer zu pflegenden Person, was schnelleres und präziseres Handeln ermöglicht, als es ein Mensch alleine kann.

Die Quantenmechanik hat das Potenzial, die Art und Weise zu revolutionieren, wie wir über Krankheitsdiagnose und -behandlung denken. Computerprogramme, die auf Quantenmechanik basieren, können beispielsweise komplexe biologische Prozesse simulieren, wodurch neue Medikamente schneller und effizienter entwickelt werden. Dies ist insbesondere in der personalisierten Medizin von Vorteil, bei der Behandlungen auf die individuellen genetischen Eigenschaften zugeschnitten sind.

Dieser Vorgriff auf das Jahr 2033 verdeutlicht wesentliche Funktionen von Zukunftspsychologie und Konkrethik. Indem wir aus der imaginierten und vorausbedachten Zukunft gedanklich zurückgehen, gewinnen wir Einsichten und Assoziationen, die uns in der Gegenwart nicht zur Verfügung stehen. So entwickeln wir durch unser tägliches Handeln und unsere Entscheidungen die Zukunft konkrethisch mit. Wir können das Richtige tun oder zumindest dafür kämpfen.

Die Hindernisse liegen bei der Gesetzgebung und Bürokratie, die dazu führen, dass Entwicklungen verschleppt werden. Dennoch wird der Einsatz von Technologie zum Schlüssel, um Pflegefachpersonen zu ermöglichen, sich mehr auf die direkte Patientenbetreuung zu konzentrieren. Die Dokumentation ist eine der zeitaufwendigsten Aufgaben im Pflegealltag. KI-gestützte Systeme können Gespräche zwischen Personal und Pflegebedürftigen in Echtzeit transkribieren und wichtige Informationen direkt in die Patientenakten eintragen. So werden nicht nur die Genauigkeit und Vollständigkeit der Aufzeichnungen verbessert, sondern auch der Zeitaufwand für manuelle Eintragungen wird drastisch reduziert. KI kann dabei helfen, Dienstpläne effizienter zu gestalten, indem sie Faktoren wie Patientenaufkommen, Verfügbarkeit des Personals und individuelle Präferenzen berücksichtigt. Diese Systeme können auch den Bedarf an medizinischen Materialien vorhersagen und automatisch Nachbestellungen auslösen, wodurch das Management von Lagerbeständen vereinfacht wird.

» Der Einsatz von fortschrittlichen EPA-Systemen (elektronische Patientenakte) ermöglicht eine nahtlose Integration von Patientendaten über verschiedene Gesundheitsdienstleister hinweg.

Sie können klinische Informationen effizient organisieren und zugänglich machen, was manuelle Such- und Abgleichprozesse minimiert. KI-Systeme können Pflegefachpersonen dabei unterstützen, Entscheidungen zu treffen, indem sie evidenzbasierte Informationen bereitstellen. Dies umfasst die Identifizierung von Risikofaktoren, die Vorschläge für Behandlungspläne und sogar Warnungen bei potenziell gefährlichen Wechselwirkungen von Medikamenten. Durch den Einsatz von Spracherkennungstechnologien können Pflegefachpersonen Informationen schnell und einfach in Systeme eingeben, ohne sich auf manuelle Eingaben verlassen zu müssen. Damit werden Patienteninformationen effizienter erfasst und Schreibarbeiten reduziert. Durch diese Technologien können Pflegefachpersonen entlastet werden, sodass sie mehr Zeit und Energie haben, um sich unmittelbar um die zu Pflegenden zu kümmern. Dies führt nicht nur zu einer höheren Arbeitszufriedenheit beim Pflegepersonal, sondern auch zu einer verbesserten Patientenversorgung.

Die Überwindung der Angst und „Optimismut“[59]

Die Sorge, dass Technologien wie künstliche Intelligenz und Robotik Arbeitsplätze im Pflegebereich ersetzen könnten, ist eine berechtigte Befürchtung. Um Pflegefachpersonen diese Angst zu nehmen, sind mehrere Ansätze notwendig: Eine offene und transparente Kommunikation über die Rolle und die Ziele des Technologieeinsatzes ist entscheidend. Es muss deutlich gemacht werden, dass die Technologie dazu dient, die Arbeit der Pflegefachpersonen zu unterstützen und nicht zu ersetzen. Die Betonung liegt darauf, wie die Technologie dabei hilft, Arbeitslast zu reduzieren, die Qualität der Pflege zu verbessern und den Pflegefachpersonen mehr Zeit für die direkte Interaktion mit den zu Pflegenden zu erlauben. Auch Investitionen in Schulungen und Weiterbildungen sind essenziell, um das Personal mit den neuen Technologien vertraut zu machen. Durch die Vermittlung von Kenntnissen und Fähigkeiten, wie man diese Werkzeuge effizient einsetzt, werden Ängste abgebaut und das Verständnis und die Akzeptanz der Technologie gefördert.

» **Pflegefachpersonen müssen in den Prozess der Entwicklung und Implementierung neuer Technologien einbezogen werden.**

Ihre Erfahrungen und Einblicke sind wertvoll, um sicherzustellen, dass die Technologie ihren Bedürfnissen entspricht.

Dies fördert nicht nur das Gefühl der Wertschätzung und Einbindung, sondern erhöht auch die Praktikabilität und Akzeptanz der technologischen Lösungen. Die Betonung liegt darauf, dass Technologie menschliche Fähigkeiten ergänzt und nicht ersetzt. Roboter und künstliche Intelligenz können repetitive und administrative Aufgaben übernehmen, aber sie können nicht die menschliche Komponente der Pflege – Empathie, Fantasie, Spontaneität, emotionale Unterstützung und zwischenmenschliche Interaktion – ersetzen. Eine höhere Arbeitszufriedenheit und weniger Burn-out beim Pflegepersonal sind direkte Vorteile, die den Wert der Technologie unterstreichen. Klare Richtlinien regeln den Umgang mit ethischen Fragen und Datenschutz. Dies gibt den Pflegefachpersonen Sicherheit hinsichtlich ihrer Verantwortung im Umgang mit Patientendaten und dem konkrethischen Einsatz von Technologie. Der Einsatz von Technologie kann Prävention stärken und damit langfristig den Bedarf an Pflege reduzieren. Der Schlüssel liegt darin, Gesundheitsrisiken früh zu erkennen und Maßnahmen zur Gesundheitserhaltung zu fördern.

Das richtige Mindset für künstliche Intelligenz

Vieles ist leichter gesagt als getan. Jeder Mensch nimmt die Angebote, die uns die Zukunft beschert, auf seine Weise an oder auch nicht. Daher ist es wichtig, die persönlichen Lerngeschwindigkeiten zu berücksichtigen. Hier spielt wiederum das jeweilige Mindset eine grundlegende Rolle. Daher sollten Programme flexibel gestaltet sein, um unterschiedliche Lernfortschritte und -stile zu berücksichtigen. Kleine Gruppen ermöglichen eine individuellere Betreuung und erlauben es den Teilnehmenden, Fragen zu stellen und Diskussionen zu führen, ohne sich eingeschüchtert zu fühlen. Die Personalisierung von Bildung ist generell eine der Offenbarungen von Digitalisierung und künstlicher Intelligenz. Über Jahrtausende war ein individuell abgestimmtes Lernpensum undenkbar. Mittlerweile gibt es beliebig viele unterschiedliche Lernassistenten: Apps, Software, YouTube oder ChatGPT. Sie erlauben wie nie zuvor Lernfortschritte.

Konkrethik bedeutet auch, aus einer zukünftigen Praxis zu lernen. Nur was man entwickelt und umgesetzt hat, gibt präzise Einsichten. Der Praxisbezug ist in Zeiten, in denen uns die künstliche Intelligenz ständig neue Möglichkeiten bietet, unser humanes Zukunftslabor. Die passende Haltung dazu heißt für mich „Optimismut".

8.

Gesetz und Verfassung

Christine Vogler

Ich würde den Begriff „Optimismut“ von Thomas weiter ausdehnen. KI und digitale Welten scheinen das größte Veränderungspotenzial für unsere Zukunft zu liefern. Transformation findet in allen Lebenswelten statt. Ob zu Hause mit Kühlschränken, die einem mitteilen, wenn die Milch fehlt, bis hin zu Verschiebungen von Machtstrukturen weltweit. Optimismut könnte unser Mindset sein. Das Verständnis davon, dass Veränderungen unser gesamtes Leben begleiten und Normalität sind, lässt uns nicht danach streben, alles zu erledigen und nach einem (unerreichbaren) Ende Ausschau zu halten. Wenn wir Veränderung mit einem Mindset gestalten, das konkrethisch eine bessere Zukunft entwickeln kann, sind wir auf einem machbaren und zielführenden Weg.

Dann können wir uns auch einer großen Frage nähern – die Fundamente unseres Zusammenlebens zu diskutieren und zu verändern.

> **„Wir können doch das Grundgesetz nicht wegen der Pflege verändern?“ Doch, wir können und wir müssen es.**

Es fehlen aktuell bereits etwa 200.000 Pflegefachpersonen – konservativ geschätzt. Im Jahr 2049 werden es ca. 500.000 sein.[60] Bis in der Pflege eine Stelle (auch durch Anwerbungen aus dem Ausland) neu besetzt werden kann, dauert es durchschnittlich sechs bis acht Monate.[61] Alle Prognosen zeigen einen Anstieg der Pflegebedürftigkeit der Bevölkerung aufgrund steigender Lebenserwartung[62], gleichzeitig gehen bereits bis ins Jahr 2030 fast 138.000 Pflegekräfte in Rente.[63] Weder kann der Fachkräftenachwuchs diese Lücke schließen[64], noch fängt die inzwischen so selbstverständlich empfundene Rekrutierung von ausländischen Pflegefachpersonen den Mangel auf und lässt viele kritische Fragen unbeantwortet.

Die Statistiken präsentieren uns das Dilemma der pflegerischen Versorgung mit einer großen Portion Aussichtslosigkeit. Welche Möglichkeiten gibt es, die Katastrophe abzuwenden? Seit Jahren legt die Politik ein Programm nach dem anderen auf. Es werden Gesundheitsreformkonzepte, konzertierte Aktionen auf Bundes- und auf Landesebene, Sachverständigenräte und Expertenrunden entwickelt, um- und eingesetzt. Zuletzt im Jahr 2018 z. B. die „Konzertierte Aktion Pflege“ (KAP) dreier Bundesministerien.[65] Die verschiedenen Player im Gesundheitswesen – Krankenkassen, Verbände, Berufsangehörige, Arbeitgeber- und Arbeitnehmerorganisationen, Ministerien aus Bund und Land, Institutionen etc. – ringen um gute Ideen für die professionelle Versorgung der Pflegebedürftigen.

Gesetzgebung heißt Zukunft sichern

Und der Effekt? Die Zahlen verändern sich nicht. Im Gegenteil, jede Statistik, jede Prognose, jede Befragung zeichnet ein gleichbleibendes oder zunehmend düsteres Bild der pflegerischen Versorgung in Zukunft. Schauen wir auf die bestehende Gesetzgebung und die reale Situation der Pflegebedürftigen und Kranken, reichen die ursprünglichen Ideen der Verfassung offensichtlich nicht mehr aus, um die Gesundheitsversorgung zu sichern.

> **» Die Teilung der Zuständigkeiten von Bund und Ländern ist im Gesundheits- und Bildungsbereich nicht zielführend.**

Weiterhin gibt der Berufsstand der Ärztinnen und Ärzte den Ton an. Dies zeigt ein traditionelles Machtverständnis in der Medizin, welches keinen Bestand mehr hat. Es hindert die anderen Gesundheitsberufe massiv daran, ihre Aufgaben auszuüben und sich weiterzuentwickeln. Würden wir in der Verfassung garantieren, dass jeder und jede Pflegebedürftige bei Bedarf eine angemessene Gesundheitsversorgung bekäme, würden sich die Haltung und das Verständnis im „System Gesundheit" verschieben. Der Druck, Dinge im System zu verändern, würde sich massiv erhöhen, da dann die gesetzliche Grundlage nicht mehr ausreichte.

Politische Reaktionen wären die Folge. Und all das bereits Beschriebene, von Selbstverwaltung über Bildungsstrukturen bis hin zu Handlungsautonomie für Pflegende, würde sehr viel schneller umgesetzt werden müssen. Seit Jahrzehnten versuchen wir auf den Fachkräftemangel und die wachsende Pflegebedürftigkeit der Bevölkerung zu reagieren, was auf Grundlage der bestehenden Gesetze nicht gelingen kann. Auch hier benötigen wir ein neues Mindset.

> **» Es braucht ein Gesundheitssystem, das an den Bedarfen der Betroffenen, ihrer Mündigkeit und Gesundheitskompetenz ausgerichtet ist und außerdem die Gesundheitsprofessionen gleichberechtigt behandelt.**

All unsere Gesetze fußen auf der Verfassung. Also müssen wir genau diese Grundlage verändern – zum Wohle der Pflegebedürftigen. Eine bessere Versorgungsqualität und die Stärkung des Pflegeberufes wären eine Folge davon. Verspräche das Grundgesetz allen Menschen – ortsunabhängig – eine pflegerische Versorgung, müssten die Strukturen des Systems gänzlich neu geordnet werden.

Die Schweizerinnen und Schweizer haben es uns vorgemacht. Sie haben in Artikel 117b die Bundesverfassung der Schweiz geändert. Hier heißt es:

„(1) Bund und Kantone anerkennen und fördern die Pflege als wichtigen Bestandteil der Gesundheitsversorgung und sorgen für eine ausreichende, allen zugängliche Pflege von hoher Qualität. (2) Sie stellen sicher, dass eine genügende Anzahl diplomierter Pflegefachpersonen für den zunehmenden Bedarf zur Verfügung steht und dass die in der Pflege tätigen Personen entsprechend ihrer Ausbildung und ihren Kompetenzen eingesetzt werden.“[66]

Was wäre die Konsequenz bei Übernahme eines solchen Verfassungsartikels in das deutsche Grundgesetz? Pflegende würden mit entsprechenden Bildungsabschlüssen dazu befähigt, den erlernten Beruf ohne Hindernisse selbstständig und souverän auszuführen. Pflegebedürftige bekämen zügig adäquate Versorgung. Denn nur der Bundesgesetzgeber kann Gesetze für die Sozialversicherung und die Heilberufezulassung verabschieden (GG, Art. 74 Abs. 1 Nr. 11 und 19).[67] Er könnte und müsste über das bestehende Gesetz zur Regelung der Grundausbildung der Pflege hinaus erweiterte Ausbildungsgesetze und -ziele erlassen. Auch im Sozialversicherungsrecht müsste der Bund entsprechende Maßgaben treffen, um die direkte Erbringung und

Abrechnung von Heilkundetätigkeiten und -leistungen zu ermöglichen – ohne ärztliche Unterschrift.

Politischer Wille und Mut

Politikerinnen und Politiker, die an der Sache orientiert und ohne Kalkül, wiedergewählt zu werden, Gesetze schaffen? Das wäre wirklich couragiert. Sehr unterschiedliche Felder liegen im Argen: Seit Jahren wird es Pflegefachpersonen vorenthalten, eine strukturierte und international anerkannte Ausbildung zu absolvieren. Die Haltung, „in die Pflege kann jeder, der woanders keinen Job bekommt", sorgt dafür, dass die Zugangsvoraussetzungen für einen pflegerischen Beruf extrem niedrig sind. Bei der Finanzierung wird Pflege als Kostenfaktor und nicht als Qualitätsmerkmal betrachtet. Die Trennung von Versorgungsgebieten und die fehlende Anerkennung von Heilkunde hat der Pflege massiv geschadet. Es leiden die zu Pflegenden unter Unterversorgung, die Pflegenden unter dem schlechten Image ihres Berufs.

» Es liegt in der Hand der verfassungsgebenden Organe, die Pflege als selbstständig agierende Profession anzuerkennen.

Die Wirkung wäre unvorstellbar: Pflege würde als ein verantwortungsvoller, sinnstiftender, anspruchsvoller, komplexer und dem Menschen zugetaner Beruf anerkannt. Die Gesellschaft könnte ein neues Bewusstsein hinsichtlich Pflege entwickeln.

Interpretieren wir das Grundgesetz als einen Ausdruck der gesellschaftlichen Willensäußerung, wäre die Verankerung für ein Recht auf angemessene Versorgung bei Pflegebedürftigkeit ein zutiefst menschliches Signal. Wir stärkten den Sozialstaat und sicherten diejenigen, die Pflege- und Versorgungsbedürftig sind, ab. Es stärkte den Rücken derjenigen Politikerinnen und Politiker, die es sich zur Aufgabe gemacht haben, die pflegerische Profession zu unterstützen und die Lage der Betroffenen zu verbessern, denn die zu entwerfenden Gesetze hätten einen neuen Begründungsrahmen. Das Grundgesetz muss die pflegerische Versorgung vorsehen.

» Die Vorbereitungen für eine Verfassungsänderung müssen fundiert und durch Sachverständige begleitet werden. Alles andere wäre aus heutiger Sicht unzulänglich.

9.

Generationenpakt

Thomas Druyen

Gesetze schaffen – welch grandioser Dienst, der für die brisanten Zeiten, die vor uns liegen, vorsorgt. Um dies adäquat vorzubereiten, müssen die Mindsets in den Blick genommen werden. Die jüngeren Generationen sind technischen Innovationen gegenüber meist offen. Das hat vor allem neuronale Gründe. Ihre jungen Gehirne sind bereits in den ersten Lebensjahren spielerisch mit „Technikzeug" in Berührung gekommen. Kinder und Jugendliche lernen experimentell und ohne Angst, mit Neuem umzugehen. Das Neue und Überraschende besitzt höchste Attraktivität, was dazu führt, das z. B. digitale Angebote extrem schnell ausprobiert und ausdauernd genutzt werden. Blitzschnell werden Entscheidungen getroffen, die Finger rasen über den Bildschirm und urteilen über „die Realität" mit einem Wischen nach links oder rechts. Diese Praxis erschafft eine neue Architektur im Gehirn, neue Gehirnstrukturen, die wiederum die eigenen Werthaltungen beeinflussen. Diese Voraussetzungen begünstigen den Einsatz von KI auf spielerische Weise. Einige dieser jungen Leute sollten nun einen Beruf in der Pflege finden.

Schauen wir daher auf die Bedeutung von Hierarchie und Autorität, die in der Pflege eine wichtige Rolle spielen. Die Orientierung an Hierarchien ist in Auflösung begriffen.[68]

» In dieser Hinsicht sind die Jungen skeptisch. Ihnen sind die Einschätzung eines Menschen, auch eines Entscheidungsträgers bzw. einer Entscheidungsträgerin, viel wichtiger als der Titel.

Das gilt für alle Lebensbereiche und betrifft eben auch jede Form von „Obrigkeit“, ob in der Regierung, in der Verwaltung, im Krankenhaus, egal wo. Die Definitionen von Führung und Einflussnahme werden in Zukunft sicher neu ausgehandelt. Diese Tendenzen haben eine gewaltige Bedeutung für das neue Verhältnis zwischen unterschiedlichen Generationen und ihr gemeinsames Handeln und Arbeiten. Natürlich gilt dies auch für die Pflegeberufe.

Wer Autorität hat, hängt vom Umfeld ab. Ausbildung, Studium, Krankenhaus, Universitätsklinik, ambulante Dienste, Pflegeheim oder häusliche Pflege, immer gibt es jemanden, der qua Funktion das „letzte Wort“ hat. Unsere Studien haben zum Beispiel das Verhältnis zwischen Ärzteteams und Pflegefachpersonen in einem Krankenhaus als problematisch identifiziert.[69] Jüngere Generationen kommunizieren anders, hinterfragen Autoritäten und „heilige Kühe“, während ältere Pflegefachpersonen, die schon seit Jahrzehnten im Beruf sind, hierarchische Strukturen eher akzeptieren.

Auch die Geschlechterfrage spielt hier eine Rolle: Überwiegend sind es weibliche Pflegekräfte[70], die mit Ärztinnen und Ärzten arbeiten und hierarchische Strukturen verinnerlicht haben. Dahinter steckt oftmals auch die pragmatische Einsicht, dass lange Diskussionen nichts bringen, die Arbeit muss ja gemacht werden und es geht um das Wohl der Patientinnen und Patienten.

> **» In dieser Hinsicht wirkt die junge Pflegegeneration fast schon streitsüchtig, denn sie will vom Auftrag einigermaßen überzeugt sein. Dahinter steckt der anerzogene Wunsch nach Teilhabe.**

Junge Pflegekräfte wollen einen Sinn in der angeordneten Aktivität sehen und äußern ihre Bedenken spontan und emotional. Diese Debatten führen zu Verzögerungen und scheinen letztlich mühsam, aber das nehmen sie in Kauf. Dieses Verhalten kommt – unseren Erfahrungen nach – bei älteren Führungskräften nicht gut an. Alle sind im Stress und wollen ihren Pflichten nachkommen, da wird diese Haltung schnell als Disziplinlosigkeit oder als Mangel an Einsatzbereitschaft interpretiert. In Zeiten extremer Beanspruchung und ständiger Veränderung ist die Gefahr besonders groß, auf Vorurteile zurückzugreifen und Enttäuschung zu spüren – das gilt für alle Generationen.

Jede Generation ist von ihrem eigenen Mindset geprägt, das gilt für alle Berufsgruppen. Es ist aus der Zeit gefallen, von „Göttern in Weiß" zu sprechen. Sowohl dieser Mythos als auch vielfach das Selbstbild von Medizinerinnen und Medizinern bergen die Gefahr der Überhöhung. Die Bedeutung des Arztberufes soll keinesfalls in Abrede gestellt werden, ganz im Gegenteil. Dennoch kann ein Verhalten als „Chef" die eigene fachliche Kompetenz konterkarieren. Dies gilt vor allem in Bezug auf den Pflegeberuf, der in der Eigen- und Fremdwahrnehmung noch weit unter seiner gesellschaftlichen Bedeutung positioniert wird. Nichts war den Pflegefachpersonen in unseren Studien so wichtig wie die Verbesserung ihres Ansehens.[71] Das Defizit an gesellschaftlicher Anerkennung geht mit der Unterfinanzierung einher.

> **» Unabhängig von Titeln, Funktionen und Alter – die Pflege schreit nach einem Pakt der Gemeinsamkeit, der Kooperation und gemeinsamem konkrethischen Handeln über die Generationen hinweg.**

10.

Pflege. Zukunft. Menschenrecht. Zehn nachhaltige Aussichten.

Christine Vogler
Thomas Druyen

Nun geht es ans Ärmelhochkrempeln. Wir wissen, was es braucht, um konsequent und konkret die Dinge zu verändern.

» Wir möchten zehn Empfehlungen aussprechen, die Wege zur Lösung werden können.

In den vorherigen Kapiteln haben wir aus unterschiedlichen Perspektiven die Profession Pflege und deren Bedeutung für uns alle dargestellt. Dabei nehmen wir einen Blick aus der Zukunft ein und denken positiv aus dem Heute nach vorne (→ Kapitel 1). Die Maßnahmen zur Umsetzung entwickeln sich wie selbstverständlich aus dem imaginierten Ist-Zustand der Zukunft.

1

Das Mindset der Pflegenden bestimmt ihr Handeln und ihre Zukunftsfähigkeit.
Die Mentalität und die innere Einstellung der Pflegenden ist die Grundvoraussetzung für eine bessere Wahrnehmung zum Wohle der zu Pflegenden und der Gesellschaft. Dazu kommt: Wie die Bevölkerung über Pflege denkt, ist Grundvoraussetzung, um der Pflege eine bessere Zukunft zu ermöglichen.

2

Die Konkrethik ist die Ethik des Machens, das Richtige und Wirksame umzusetzen.
Für die Pflege wirkt die Konkrethik wie ein Zukunftskompass und ein pragmatischer Imperativ: Pflege andere so, wie du auch selbst gepflegt werden möchtest. Die konkrethische Pflege erhält ihre Bedeutung allein durch ihre Umsetzung. Sie lebt von ihren Resultaten (→ Kapitel 1).

3

Die professionelle Pflege trägt Verantwortung und handelt im Sinne der Versorgungs- und Patientensicherheit.
Die Profession hat sich eine starke öffentliche Wahrnehmung und eine kompetente Repräsentation im Rahmen ihres Engagements und der rechtlichen Aufgabenübertragung durch Land und Bund geschaffen. Mit einem veränderten Mindset erlangen Pflegefachpersonen jeden Tag ein angemessenes Selbstbewusstsein auf der Grundlage ihres konkrethischen Handelns und Wirkens für die Gesellschaft. Interprofessionelles Arbeiten im Gesundheitswesen ist gesetzlich verankert und ist durch Gleichberechtigung bezüglich der Handlungskompetenzen der Medizin-, Pflege- und Therapieberufe sowie des Hebammenwesens

gesichert. Entsprechende Strukturen für das Studium aller Gesundheitsberufe schaffen evidentes Wissen. Public Health ist ein starker Teil des Versorgungsgedankens (→ Kapitel 2).

4

Die Pflege versteht sich als Bestandteil des Ökosystems Gesundheitsförderung.
Alle am Gesundheitssystem Beteiligten gewährleisten eine interdisziplinäre und gleichberechtigte Zusammenarbeit mit Pflegefachpersonen, um die Patientenversorgung zu optimieren. Dabei setzen sie künstliche Intelligenz zu ihrer Entlastung ein. Psychologische Unterstützung und fortlaufende Weiterbildung sind der Normalfall.

5

Die Babyboomer beteiligen sich aktiv an der Gestaltung ihrer Pflegezukunft, treffen Vorsorge und übernehmen konkrethische Verantwortung.
Die Babyboomer nutzen neue Technologien zur Gesundheitsüberwachung und nehmen präventive Gesundheitsdienstleistungen in Anspruch. Sie achten auf Ernährung, Bewegung und Veränderungsbereitschaft. Wo möglich, beteiligen sie sich an steigenden Aufwendungen finanziell (→ Kapitel 3).

6

Professionelle Pflege hat einen bundesweit einheitlichen Bildungsweg, der sich strukturell und inhaltlich dauerhaft an der Zukunft orientiert.
Eine bundeseinheitliche Bildungsarchitektur der pflegerischen Berufs- und Qualifikationsabschlüsse hat die Attraktivität des Pflegeberufes gesteigert. Die föderalistischen Strukturen sind zugunsten einer zentral organisierten, modernen, digital ausgerichteten, praxisorientierten Ausbildung überwunden worden. Die Pflegeberufe sind international vergleichbar, Fachkräftemangel existiert nicht mehr (→ Kapitel 4).

7

Die Würdigung der Profession durch alle Gesellschaftsschichten und das Gesundheitssystem ist verankert.
Die Förderung der Würde der Pflege ist eine gemeinschaftliche Aufgabe, die ein Umdenken und Engagement auf allen Ebenen erfordert. Das konzertierte Vorgehen von Gesellschaft, Gesundheitssystem und Politik schafft die Anerkennung und Wertschätzung, die eine menschenwürdige Pflege für alle verbindlich sicherstellt (→ Kapitel 5).

8

Professionelle Pflege ist Bestandteil der Verfassung und stärkt die Demokratie.
Die pflegerische Versorgung ist qualitativ und quantitativ in der Verfassung verankert. Die nachfolgende Gesetzgebung in Bund und Land ist dem gefolgt. Die konkrethische Ausrichtung der Profession in der Praxis, der Einhaltung der Menschenrechte und der Förderung der Gesundheit sichert mit ihren Grundsätzen der Demokratie in Deutschland (→ Kapitel 6).

9

Die künstliche Intelligenz verhilft mit ihren Anwendungen der Pflege zu einem Quantensprung in der Betreuung von zu Pflegenden und in der Nutzung von Maßnahmen.
Die umfassende Digitalisierung im Gesundheitswesen gewährleistet eine nachhaltige Integration von KI, Robotik und Weiterbildung in der Pflege. Eine enge Zusammenarbeit zwischen Gesundheitspolitik, Pflegeinstitutionen und Technologieanbietern stellt sicher, dass die sich immer erweiternden Technologien den Bedürfnissen des Pflegepersonals und der Patienten und Patientinnen gerecht werden (→ Kapitel 7).

10

Die Pflegebranche ist durch einen Generationenpakt geprägt. Die Kompetenzen jeder Generation werden gewertschätzt und gefördert.

Die künstliche Intelligenz wird genutzt, um die interprofessionelle Zusammenarbeit zu stärken. Das Arbeits- und Lebensumfeld ist teamorientiert und berücksichtigt alle Altersgruppen. Unterschiedliche Generationen von Pflegepersonal sind aktiv in die Auswahl und den Einsatz von Technologien eingebunden, um deren Anwendbarkeit im Arbeitsalltag sicherzustellen (→ Kapitel 9).

11.

Ausblick

Pflegerische Vorausschau

Christine Vogler

Professionell Pflegende, das sind ca. 1,4 bis 1,8 Millionen Berufstätige in Deutschland.[72] Ihr Berufsstand basiert auf der Grundlage der Achtung der Menschenrechte. Pflege ist respektvoll und behandelt alle Betroffenen, ungeachtet der Merkmale Alter, Hautfarbe, Kultur, kulturelle Zugehörigkeit, Behinderung oder Krankheit, Geschlecht, sexuelle Orientierung, Nationalität, Politik, Sprache, ethnische Zugehörigkeit, religiöse oder spirituelle Überzeugungen, rechtlicher, wirtschaftlicher oder sozialer Status.[73]

» Was für eine Chance für Deutschland.

In der Zeit, in der dieses Buch entsteht, sind viele Menschen verunsichert. Es werden Kriege in „stabil" geglaubten Regionen geführt, Machtverhältnisse weltweit verschieben sich, rechtsnationale und faschistische Kräfte erstarken in Deutschland sowie weltweit. Deren Wählerinnen und Wähler sind demokratisch erzogen und aufgewachsen, die durch politische Vernachlässigung entstandenen Defizite in den Bereichen bezahlbarer Wohnraum und gleiche Bildungschancen sind kaum noch aufzuholen. Darüber hinaus herrscht aufgrund der demografischen Entwicklung Fachkräftemangel, dessen Auswirkungen wir nur erahnen können.

Wie wäre es also, wenn ein Berufsstand, der per se ein zutiefst menschlicher ist, als Profession anerkannt würde, adäquate Mitsprache im System hätte, die Bildungsqualität gesetzlich garantiert wäre, im eigenen Fachgebiet selbstständig handeln und forschen könnte und sein gesamtes Wissen in die Gesellschaft einbringen könnte? Das ist eine längst überfällige Entwicklung.

» Pflege kann die Gesellschaft und die Demokratie stabilisieren. Dazu müssen alle Verantwortung übernehmen:

- die Profession selbst, um sich und die eigenen Kompetenzen anzunehmen und weiterzuentwickeln,
- der Gesetzgeber von Bund und Ländern, um Voraussetzungen für Mitsprache, Bildung und Forschung sowie starke Strukturen zu schaffen,
- die Gesellschaft, die Gesundheits- und Sozialarbeit anerkennt und wertschätzt sowie dafür eintritt, dass Ressourcen gerecht verteilt werden,
- jeder einzelne Mensch, der Pflege und pflegerische Versorgung als eine Notwendigkeit anerkennt und für sich und andere sorgt.

Mit zehn nachhaltigen Empfehlungen (→ Kapitel 10) haben wir bestehende Möglichkeiten beschrieben. Das Mindset ist klar, die Konkrethik ist die Methode.

» Wir wären so weit.

Die Pflege der Zukunft – Die Zukunft der Pflege

Thomas Druyen

Christine und ich haben in diesem Buch auf der Grundlage unserer Kompetenzen und Erfahrungen ein Spektrum der Pflege dargestellt. Wir sind davon überzeugt, dass Pflege system- und demokratierelevant ist. Mehr noch, sie ist ein Menschenrecht und sollte als Gemeinschaftsleistung gesetzlich verankert werden. Wir haben zwei unabhängige Stränge verknüpft: Christine aus der Praxis, mit ihren Erfahrungen und ihrer Verantwortung in wichtigen Gremien. So ist ihre Perspektive auf die Pflege und alles, was dazugehört, entstanden. Ich habe die Zukunftspsychologie, Konkrethik und Mindsetforschung eingebracht. Unser Resümee sind die zehn Empfehlungen (→ Kapitel 10). Diese Leitlinien erscheinen uns mehr als dringlich, denn die Fakten und die Optionen sind längst offenkundig. Unterschiedliche Interessen sind das Kernproblem, daher benötigen wir einen maximalen Umkehrschub, eine Neuausrichtung, die auf Basis der vorliegenden Erkenntnisse und der Visionen ein zukunftsweisendes Handlungskonzept umsetzt. Daraus wird Zukunft. Die müssen wir konkrethisch selbst gestalten, sie wird nicht verschenkt.

» Vor diesem Hintergrund sind die Zukunft der Pflege und die Pflege der Zukunft eine gesamtgesellschaftliche Herausforderung, die oben auf die Agenda gehört.

Pflege betrifft alle, von der Wiege bis zur Bahre. Das Pflegebudget im maroden Gesundheitssystem reicht nicht aus, die Pflege wird dabei ganz am Ende berücksichtigt. Pflegeprävention und -optimierung ist ein wichtiger Zugewinn für alle. Entscheidungen der Politik für eine umfassende Lösung lassen auf sich warten. Die Branche hat keine Kontrolle über die eigene Zukunft. Insofern dient dieses Buch hoffentlich auch dazu, die Öffentlichkeit, all unsere Mitbürgerinnen und Mitbürger ins Boot zu holen. Nur gemeinsam können wir etwas verändern und Zukunft gestalten. Man entscheidet selbst – oder man wird Spielball von Entscheidungen. Mit ausreichender Zustimmung können wir gemeinsam unsere konkrethische Zukunftsvision umsetzen. Unsere Demokratie gibt uns diesen Hebel und diese Macht. Wir wollen über unseren gegenwärtigen Tellerrand schauen, um eine aktive Gemeinschaft mit Selbstbewusstsein und Durchsetzungskraft entstehen zu lassen. Wir benennen Wege, mit denen wir die Zukunft gestalten können. Unsere Kenntnisse umzusetzen, darin besteht die Konkrethik der

Pflege. Dass dies von unseren Mindsets abhängig ist, dürfte klar geworden sein.

Die Profession Pflege und die Bevölkerung können tatsächlich aus der Zukunft lernen: die Pflegenden, die zu Pflegenden, die Angehörigen und alle Bürgerinnen und Bürger. Jede und jeder hat mit Pflege zu tun, niemand kommt ohne sie auf die Welt. Eine größere Lobby gibt es nicht. Es kann nicht sein, dass das Richtige nicht umgesetzt wird, weil andere Interessen im Vordergrund stehen.

> **» Mit einem neuen Mindset wollen wir unsere Ideen umsetzen. Dazu gehört Mut, und daher nenne ich diese nach vorne gerichtete Haltung „Optimismut".**

Um Forderungen zu stellen und eine Situation zu verbessern, braucht es Selbstüberwindung, denn es besteht das Risiko zu scheitern. Die Zukunft wird nur aus Entscheidungen und Taten gemacht. Optimismut, Solidarität, Gemeinschaft und der Kampf für das Richtige treiben die Welt voran.

Gerade jetzt lernen wir aus der Zukunft, indem wir experimentell mit der künstlichen Intelligenz umgehen. Sie wird unser Leben deutlich verändern, und natürlich trägt sie Gefahren und Risiken in sich.

Aber ob aus KI ein Vorteil oder ein Nachteil wird, ist eine Entscheidung der Menschen, die sie konkrethisch nutzen oder eigensüchtig und gefährlich instrumentalisieren. Gehen wir optimismutig an die Zukunft heran. Eines ist sicher:

» Fast 30 Millionen Menschen über sechzig Jahre machen die Pflege auch für den Nachwuchs zu einem absoluten Zukunftsberuf, der uns allen dient. Die Pflege, sie lebe hoch!

Anhang

Quellen und Hinweise

1 „Krankenschwester" war die Berufsbezeichnung von 1986 bis 2004. Die heutigen Berufsbezeichnungen lauten „Pflegefachfrau, -mann, -person".

2 Konkrethik ist die Lehre des richtigen und konkreten Umsetzens. Vgl. Druyen, T., Mangel, V. (2023): „Aus der Zukunft lernen – Der Leitfaden für konkrete Veränderung". Berlin: MWV Medizinisch Wissenschaftliche Verlagsgesellschaft, S. 25–44.

3 Vgl. opta data Zukunfts-Stiftung/Institut für Zukunftspsychologie und Zukunftsmanagement (2022): „Babyboomer-Generation läuft blind in die Pflege-Katastrophe – Studie identifiziert Jahrhundertproblematik", Vollversion. Online unter: *https://www.optadata-zukunfts-stiftung.de/fileadmin/Zukunfstsstiftung/zukunftsforschung/PflegeStudie2022_Vollversion.pdf* (letzter Abruf am 26.03.2024).

4 Vgl. Druyen, T., Faulbaum, F., Keivandarian, A., Mangel, V. (2022): „WeCare4Us-Studie – Eine Analyse über die Zukunft der stationären Pflege aus Sicht der Pflegefachkräfte". Opta data Zukunfts-Stiftung, gefördert durch Stiftung Universität Essen. Online unter *https://www.optadata-zukunfts-stiftung.de/fileadmin/Zukunfstsstiftung/zukunftsforschung/odzWeCare4Us_2022.pdf* (letzter Abruf am 26.03.2024).

5 Vgl. Dweck, C. S. (2006): „Mindset. The new psychology of success". New York: Random House, an imprint and division of Penguin Random House LLC.

6 Mehr Informationen dazu finden Sie zum Beispiel: auf den Seiten der Lehrstuhl-Homepage des Instituts für

Zukunftspsychologie und Zukunftsmanagement an der Sigmund Freud PrivatUniversität in Wien, online unter: *https://izz.sfu.ac.at/* (letzter Abruf am 26.03.2024). Grundlagen der Zukunftspsychologie, online unter: *https://izz.sfu.ac.at/grundlagen/* (letzter Abruf am 26.03.2024). Studien zur Zukunftspsychologie, online unter: *https://izz.sfu.ac.at/studie/* (letzter Abruf am 26.03.2024).

[7] Druyen, T., Mangel, V. (2023): „Aus der Zukunft lernen – Der Leitfaden für konkrete Veränderung". Berlin: MWV Medizinisch Wissenschaftliche Verlagsgesellschaft, S. 30.

[8] Ebenda, S. 38.

[9] Der Weltverband der Pflegefachpersonen (International Council of Nurses), kurz ICN, hat den „ICN-Ethikkodex für Fachpflegepersonen" erstellt. Vgl. Weltverband der Pflegefachpersonen/International Council of Nurses (ICN): „Der ICN-Ethikkodex für Fachpflegepersonen", überarbeitet 2021. Übersetzung durch den DBfK. Online unter: *https://www.wege-zur-pflege.de/fileadmin/daten/Pflege_Charta/Schulungsmaterial/Modul_5/Weiterfu%CC%88hrende_Materialien/M5-ICN-Ethikkodex-DBfK.pdf* (letzter Abruf am 26.03.2024).

[10] Druyen, T., Mangel, V. (2023): „Aus der Zukunft lernen – Der Leitfaden für konkrete Veränderung". Berlin: MWV Medizinisch Wissenschaftliche Verlagsgesellschaft, S. 38.

[11] Vgl. Statista, veröffentlicht von Rainer Radtke am 13.03.2024: „Prognose zu Bedarf und Angebot an Pflegekräften in Deutschland nach Szenario in den Jahren 2024 bis 2049". Online unter: *https://de.statista.com/statistik/daten/studie/172651/umfrage/bedarf-an-pflegekraeften-2025/* (letzter Abruf am 26.03.2024).

[12] Vgl. Destatis, Statistisches Bundesamt, Pressemitteilung Nr. 495 vom 21. Dezember 2023: „Jahresrückblick: 2023 im Spiegel der Statistik". Online unter: *https://www.destatis.de/DE/Presse/Pressemitteilungen/2023/12/PD23_495_p001.html* (letzter Abruf am 26.03.2024).

[13] Vgl. World Health Organisation: „Nursery und Midwifery: Overview". Online unter: *https://www.who.int/health-topics/nursing#tab=tab_1* (letzter Abruf am 26.03.2024).

[14] Vgl. Weltverband der Pflegefachpersonen/International Council of Nurses (ICN): „Der ICN-Ethikkodex für Fachpflegepersonen", überarbeitet 2021. Übersetzung durch den DBfK. Online unter: *https://www.wege-zur-pflege.de/fileadmin/daten/Pflege_Charta/Schulungsmaterial/Modul_5/Weiterfu%CC%88hrende_Materialien/M5-ICN-Ethikkodex-DBfK.pdf* (letzter Abruf am 26.03.2024).

[15] Bundesministerium der Justiz: „Grundgesetz für die Bundesrepublik Deutschland (GG)", Artikel 1. Online unter: *https://www.gesetze-im-internet.de/gg/art_1.html* (letzter Abruf am 23.04.2024).

[16] Vgl. Lehmann, Y.: „Blick über die Grenze. Pflegebildung im internationalen Vergleich". In: Die Schwester – Der Pfleger, Ausgabe 3/2024, S. 68–73.

[17] Vgl. Freiwillige Registrierungsstelle der beruflich Pflegenden. Online unter: *https://www.regbp.de/* (letzter Abruf am 26.03.2024).

[18] Vgl. von Münch, I., Kunig, P. (2021): „Grundgesetz-Kommentar" in 2 Bänden, Band 1: Präambel bis Art. 69; Band 2: Art. 70 bis 146. München: C. H. Beck Verlag.

[19] Vgl. Bundesministerium der Justiz: „Grundgesetz für die Bundesrepublik Deutschland (GG)", Artikel 3. Online

unter: *https://www.gesetze-im-internet.de/gg/art_3.html* (letzter Abruf am 26.03.2024).

[20] Vgl. Pfahl, S., Unrau, E., Lott, Y., Wittmann, M.: „Stand der Gleichstellung von Frauen und Männern in ausgewählten Branchen“. In: Wirtschafts- und Sozialwissenschaftliches Institut (WSI) der Hans-Böckler-Stiftung Düsseldorf (Hrsg.): „WSI Report“, Nr. 80, Februar 2023. Online unter: *https://www.boeckler.de/fpdf/HBS-008516/p_wsi_report_80_2023.pdf* (letzter Abruf am 26.03.2024).

[21] Vgl. Klammer, U., Klenner, C., Lillemeier, S.: „COMPARABLE WORTH. Arbeitsbewertungen als blinder Fleck in der Ursachenanalyse des Gender Pay Gaps?“ In: Wirtschafts- und Sozialwissenschaftliches Institut (WSI) der Hans-Böckler-Stiftung Düsseldorf (Hrsg.): „WSI Study“, Nr. 14, Juni 2018. Online unter: *https://www.wsi.de/fpdf/HBS-006915/p_wsi_studies_14_2018.pdf* (letzter Abruf am 26.03.2024).

[22] Grundlagenliteratur dazu bieten: Schwartz, F., Walter, U. et al. (Hrsg.) (2022): „Public Health: Gesundheit und Gesundheitswesen“. München: Urban & Fischer Verlag/Elsevier.

[23] Vgl. auch Bundesministerium für Gesundheit (2023): „Lauterbach: Wir machen einen Neustart für die Pflege“. Online unter: *https://www.bundesgesundheitsministerium.de/ministerium/meldungen/lauterbach-wir-machen-einen-neustart-fuer-die-pflege-19-12-23* (letzter Abruf am 26.03.2024); vgl. Bundesministerium für Gesundheit (2023): „Kurzpapier: Vorläufige Eckpunkte Pflegekompetenzgesetz“, 19.12.2023. Online unter: *https://www.bundesgesundheitsministerium.de/fileadmin/Dateien/3_Downloads/P/Pflegekompetenzreform/Kurzpapier_*

Vorlaeufige_ Eckpunkte_PflegekompetenzG.pdf (letzter Abruf am 26.03.2024).

24 Vgl. Druyen, T., Faulbaum, F., Keivandarian, A., Mangel, V. (2022): „WeCare4Us-Studie – Eine Analyse über die Zukunft der stationären Pflege aus Sicht der Pflegefachkräfte“. Opta data Zukunfts-Stiftung, gefördert durch Stiftung Universität Essen. Online unter: *https://www.optadata-zukunfts-stiftung.de/fileadmin/Zukunfstsstiftung/zukunftsforschung/odzWeCare4Us_2022.pdf* (letzter Abruf am 26.03.2024) und vgl. opta data Zukunfts-Stiftung/Institut für Zukunftspsychologie und Zukunftsmanagement (2022): „Babyboomer-Generation läuft blind in die Pflege-Katastrophe – Studie identifiziert Jahrhundertproblematik“. Vollversion. Online unter: *https://www.optadata-zukunfts-stiftung.de/fileadmin/Zukunfstsstiftung/zukunftsforschung/PflegeStudie2022_Vollversion.pdf* (letzter Abruf am 26.03.2024).

25 Druyen, T., Faulbaum, F., Keivandarian, A., Mangel, V. (2022): „WeCare4Us-Studie – Eine Analyse über die Zukunft der stationären Pflege aus Sicht der Pflegefachkräfte“. Opta data Zukunfts-Stiftung, gefördert durch Stiftung Universität Essen. Online unter: *https://www.optadata-zukunfts-stiftung.de/fileadmin/Zukunfstsstiftung/zukunftsforschung/odzWeCare4Us_2022.pdf* (letzter Abruf am 26.03.2024).

26 Vgl. Druyen, T., Mangel, V. (2023): „Aus der Zukunft lernen – Der Leitfaden für konkrete Veränderung“. Berlin: MWV Medizinisch Wissenschaftliche Verlagsgesellschaft, S. 108 ff. und opta data Zukunfts-Stiftung/Institut für Zukunftspsychologie und Zukunftsmanagement (2023): „Wer rettet die Rettung? – Studie über die Zukunft des Rettungswesens“. Online unter: *https://www.optadata-zukunfts-stiftung.de/fileadmin/Zukunfstsstiftung/*

zukunftsforschung/2023.Nov._Vollversion_Rettungsstudie2023_V2.pdf (letzter Abruf am 26.03.2024).

[27] Keivandarian, A. (2022): „Die Zukunft der Pflege in Deutschland“, Statistische Auswertung (Juli 2022). Opta data Zukunfts-Stiftung/Institut für Zukunftspsychologie und Zukunftsmanagement: „WeCare4Us-Studie – Über die Zukunft der stationären Pflege aus Sicht der Pflegenden selbst“. Online unter: *https://pflegedienst.uk-essen.de/wp-content/uploads/2022/07/IZZ_optadataInstitut_PflegestudieUniMedizin_HompageVersion2022.pdf* (letzter Abruf am 26.03.2024).

[28] Ebenda, S. 8.

[29] Ebenda, S. 5.

[30] Ebenda, S. 5.

[31] Ebenda, S. 9.

[32] Ebenda, S. 19.

[33] Ebenda, S. 27.

[34] Ebenda, S. 28.

[35] Ebenda, S. 19.

[36] Ebenda, S. 47.

[37] Vgl. opta data Zukunfts-Stiftung/Institut für Zukunftspsychologie und Zukunftsmanagement (2023): „Wer rettet die Rettung? – Studie über die Zukunft des Rettungswesens“. Online unter: *https://www.optadata-zukunfts-stiftung.de/fileadmin/Zukunfstsstiftung/zukunftsforschung/2023.Nov._Vollversion_RettungsStudie2023_V2.pdf* (letzter Abruf am 26.03.2024).

[38] opta data Zukunfts-Stiftung/Institut für Zukunftspsychologie und Zukunftsmanagement (2022): „Babyboomer-Generation läuft blind in die Pflege-Katastrophe – Studie identifiziert Jahrhundertproblematik“. Vollversion. Online unter: *https://www.optadata-zukunfts-stiftung.de/fileadmin/Zukunfstsstiftung/zukunftsforschung/PflegeStudie2022_Vollversion.pdf* (letzter Abruf am 26.03.2024).

[39] Ebenda, S. 7.

[40] Ebenda, S. 48.

[41] Ebenda, S. 24.

[42] Ebenda, S. 25.

[43] Ebenda, S. 31.

[44] Ebenda, S. 33.

[45] Ebenda, S. 40.

[46] Die Rolle von Bildung und Entwicklung von Werten und Kompetenzen fußt auf Erkenntnissen verschiedener akademischer Disziplinen. Dazu gehören u. a. die Pädagogik, Soziologie, Psychologie, Ethik und Philosophie.

[47] Die Richtlinien der EU sind festgelegt. Vgl. 77/452/EWG, online unter: *https://eur-lex.europa.eu/legal-content/DE/TXT/PDF/?uri=OJ:L:1977:176:FULL* (letzter Abruf am 26.03.2024), vgl. 2005/36/EG, online unter: *https://eur-lex.europa.eu/legal-content/DE/LSU/?uri=CELEX:32005L0036* (letzter Abruf am 26.03.2024) und vgl. 2013/55/EU, online unter: *https://eur-lex.europa.eu/legal-content/EN/TXT/?uri=CELEX%3A32013L0055&qid=1713792604119* (letzter Abruf am 26.03.2024).

[48] Vgl. Bundesministerium für Familie, Senioren, Frauen und Jugend (2008): „Pflegeausbildung in Bewegung. Ein Modellvorhaben zur Weiterentwicklung der Pflegeberufe. Schlussbericht der wissenschaftlichen Begleitung". Berlin. Online unter: *https://www.dip.de/fileadmin/data/pdf/material/PiB_Abschlussbericht.pdf* (letzter Abruf am 26.03.2024).

[49] Vgl. Bundesministerium der Justiz: „Gesetz über die Pflegeberufe" (Pflegeberufegesetz – PflBG). Online unter: *https://www.gesetze-im-internet.de/pflbg/BJNR258110017.html* (letzter Abruf am 26.03.2024).

[50] Vgl. Bundesministerium der Justiz: „Grundgesetz für die Bundesrepublik Deutschland (GG)", Artikel 72, online unter: *https://www.gesetze-im-internet.de/gg/art_72.html* (letzter Abruf am 26.03.2024) und Artikel 74, online unter: *https://www.gesetze-im-internet.de/gg/art_74.html* (letzter Abruf am 26.03.2024).

[51] Vgl. Jürgensen, A. (2023): „Pflegehilfe und Pflegeassistenz. Ein Überblick über die landesrechtlichen Regelungen für die Ausbildung und den Beruf", 2. Aufl. Bonn: Bundesinstitut für Berufsbildung. Online unter: *https://www.bibb.de/dienst/publikationen/de/19206* (letzter Abruf am 26.03.2024).

[52] Vgl. Übersicht Deutsche Krankenhausgesellschaft e. V.: „Es gibt in der Pflege vielfältige Weiterbildungsmöglichkeiten". Online unter: *https://www.dkgev.de/themen/personal-weiterbildung/aus-und-weiterbildung-von-pflegeberufen/* (letzter Abruf am 26.03.2024).

[53] Vgl. z. B. online unter: *https://www.ddg.info/qualifizierung-diabetes-pflegefachkraft-1/basisqualifikation-diabetes-pflege-ddg* (letzter Abruf am 26.03.2023) oder vgl. z. B.

online unter: *https://wiki.kinaesthetics.de/wiki/Kinaesthetics-Online-Fachlexikon* (letzter Abruf am 26.03.2023).

[54] Vgl. Übersicht in: Francois-Kettner, H., Hasseler, M., Maier, I., Vogler, C., Klapper, B.: „Standpunkte. Planlos, kopflos, international abgehängt". In: Tagesspiegel Background, Gesundheit & E-Health, Standpunkte, veröffentlicht am 12.05.2023. Online unter: *https://background.tagesspiegel.de/gesundheit/planlos-kopflos-international-abgehaengt* (letzter Abruf am 26.03.2024).

[55] Vgl. Bundesministerium der Justiz: „Gesetz über die Pflegeberufe" (Pflegeberufegesetz – PflBG) Abschnitt 2, Vorbehaltene Tätigkeiten, § 4. Online unter: *https://www.gesetze-im-internet.de/pflbg/BJNR258110017.html* (letzter Abruf am 26.03.2023).

[56] Vgl. auch Bundesministerium für Gesundheit (2023): „Lauterbach: Wir machen einen Neustart für die Pflege". Online unter: *https://www.bundesgesundheitsministerium.de/ministerium/meldungen/lauterbach-wir-machen-einen-neustart-fuer-die-pflege-19-12-23* (letzter Abruf am 26.03.2024); vgl. ebenda: Bundesministerium für Gesundheit: „Kurzpapier: Vorläufige Eckpunkte Pflegekompetenzgesetz", 19.12.2023. Online unter: *https://www.bundesgesundheitsministerium.de/fileadmin/Dateien/3_Downloads/P/Pflegekompetenzreform/Kurzpapier_Vorlaeufige_Eckpunkte_pflegekompetenzG.pdf* (letzter Abruf am 26.03.2024).

[57] Vgl. Kraft, S.: „Welche Auswirkungen hat der Fachkräftemangel?" In: Pflegezeitschrift, Nr. 72, S. 58–59 (6/2019). Online unter: *https://doi.org/10.1007/s41906-019-0059-6* (letzter Abruf am 26.03.2024).

[58] Während Ärztekammern als etablierte Institutionen nicht infrage gestellt werden, befragt jedes einzelne Bundesland im Vorfeld einer möglichen Kammergründung die Berufsgruppe der Pflegenden. Dabei wird ausgeblendet, dass es nicht um die Meinung der Pflegefachpersonen geht, sondern um die Versorgungssicherheit der Bevölkerung. Gleichzeitig ist eine positive Befragung nicht automatisch eine Garantie für die Umsetzung – siehe z. B. Berlin und Brandenburg.

[59] Druyen, T.: „Der Schlüssel zu einer hoffnungsvollen Zukunft heißt Optimismut". In: Focus-online, veröffentlicht am 18.01.2024. Online unter: *https://www.focus.de/experts/optimismut-der-schluessel-zu-einer-hoffnungsvollen-zukunft_id_259587311.html* (letzter Abruf am 26.03.2024).

[60] Vgl. Destatis, Statistisches Bundesamt, Pressemitteilung Nr. 33 vom 24. Januar 2024: „Bis 2049 werden voraussichtlich mindestens 280 000 zusätzliche Pflegekräfte benötigt." Online unter: *https://www.destatis.de/DE/Presse/Pressemitteilungen/2024/01/PD24_033_23_12.html* (letzter Abruf am 26.03.2024).

[61] Vgl. „Interview" mit Monder Kassem. In: PricewaterhouseCoopers GmbH Wirtschaftsprüfungsgesellschaft: „Fachkräftemangel im deutschen Gesundheitswesen: Wenn die Pflege selbst zum Pflegefall wird". PWC-Studie 2022, S. 35. Online unter: *https://www.pwc.de/de/content/a893f304-8f55-402f-bd4e-2e080e4c45d0/pwc-fachkraeftemangel-im-gesundheitswesen-2022.pdf* (letzter Abruf am 26.03.2024).

[62] Vgl. Statista, veröffentlicht von Rainer Radtke am 02.01.2024: „Anzahl der Pflegebedürftigen und über 80-Jährigen in Deutschland bis zum Jahr 2060". Online

unter: *https://de.statista.com/statistik/daten/studie/168254/umfrage/pflegebeduerftige-in-deutschland-seit-2007/* (letzter Abruf am 23.04.2024) und vgl. Destatis, Statistisches Bundesamt: „Pflegevorausberechnung: 1,8 Millionen mehr Pflegebedürftige bis zum Jahr 2055 zu erwarten". Pressemitteilung Nr. 124 vom 30. März 2023. Online unter: *https://www.destatis.de/DE/Presse/Pressemitteilungen/2023/03/PD23_124_12.html* (letzter Abruf am 23.04.2024).

63 Vgl. Klie, T. et.al. (2024): „PFLEGEREPORT 2024. Die Baby-Boomer und die Zukunft der Pflege – Beruflich Pflegende im Fokus". In: „Beiträge zur Gesundheitsökonomie und Versorgungsforschung", Bd. 47, Storm, A. (Hrsg.), Heidelberg: medhochzwei Verlag, S. 19, Abbildung 14: „Entwicklung der Berufseinmündung versus der Berufsaustritte bis 2030". Online unter: *https://caas.content.dak.de/caas/v1/media/64750/data/42a02e597e07646cc80c0ddbd1382a8f/dak-pflegereport-2024-ebook.pdf* (letzter Abruf am 23.04.2024).

64 Ebenda, S. 19.

65 Die drei Bundesministerien BMG, BMFSFJ und BMAS haben im Juli 2018 die „Konzertierte Aktion Pflege" (KAP) ins Leben gerufen. Vgl. Maßnahmen des BMG „Konzertierte Aktion Pflege". Online unter: *https://www.bundesgesundheitsministerium.de/konzertierte-aktion-pflege* (letzter Abruf am 26.03.2024).

66 Schweizerische Eidgenossenschaft: Eidgenössische Volksinitiative „Für eine starke Pflege (Pflegeinitiative)", Art. 117b Pflege. Online unter: *https://www.fedlex.admin.ch/eli/oc/2022/240/de* (letzter Abruf am 26.03.2024).

[67] Vgl. Bundesministerium der Justiz: „Grundgesetz für die Bundesrepublik Deutschland (GG)", Artikel 74. Online unter: *https://www.gesetze-im-internet.de/gg/art_74.html* (letzter Abruf am 26.03.2024).

[68] Vgl. Druyen, T., Mangel, V. (2023): „Aus der Zukunft lernen – Der Leitfaden für konkrete Veränderung". Berlin: MWV Medizinisch Wissenschaftliche Verlagsgesellschaft, S. 16 ff.

[69] Vgl. Druyen, T., Faulbaum, F., Keivandarian, A., Mangel, V. (2022): „WeCare4Us-Studie – Eine Analyse über die Zukunft der stationären Pflege aus Sicht der Pflegefachkräfte". Opta data Zukunfts-Stiftung, gefördert durch Stiftung Universität Essen, S. 78 ff. Online unter: *https://www.optadata-zukunfts-stiftung.de/fileadmin/Zukunfstsstiftung/zukunftsforschung/odzWeCare4Us_2022.pdf* (letzter Abruf am 26.03.2024).

[70] Vgl. Destatis, Statistisches Bundesamt, Gesundheitspersonal vom 22.04.2024: „Gesundheitspersonal: Deutschland, Jahre, Einrichtungen, Geschlecht". Online unter: *https://www-genesis.destatis.de/genesis/online?sequenz=tabelleErgebnis&selectionname=23621-0001&zeitscheiben=10#abreadcrumb* (letzter Abruf am 23.04.2024).

[71] Vgl. Keivandarian, A. (2022): „Die Zukunft der Pflege in Deutschland", Statistische Auswertung (Juli 2022). Opta data Zukunfts-Stiftung/Institut für Zukunftspsychologie und Zukunftsmanagement: „WeCare4Us-Studie – Über die Zukunft der stationären Pflege aus Sicht der Pflegenden selbst", S. 54. Online unter: *https://pflegedienst.uk-essen.de/wp-content/uploads/2022/07/IZZ_optadataInstitut_PflegestudieUniMedizin_HompageVersion2022.pdf* (letzter Abruf am 26.03.2024).

[72] Vgl. Statista, veröffentlicht von Rainer Radtke am 13.03.2024: „Prognose zu Bedarf und Angebot an Pflegekräften in Deutschland nach Szenario in den Jahren 2024 bis 2049". Online unter: *https://de.statista.com/statistik/daten/studie/172651/umfrage/bedarf-an-pflegekraeften-2025/* (letzter Abruf am 26.03.2024).

[73] Vgl. Weltverband der Pflegefachpersonen/International Council of Nurses (ICN): „Der ICN-Ethikkodex für Fachpflegepersonen", Genf, Schweiz. Überarbeitet 2021. Übersetzung durch den DBfK: Online unter: *https://www.wege-zur-pflege.de/fileadmin/daten/Pflege_Charta/Schulungsmaterial/Modul_5/Weiterfu%CC%88hrende_Materialien/M5-ICN-Ethikkodex-DBfK.pdf* (letzter Abruf am 26.03.2024).

Dank

Christine Vogler und Prof. Dr. Thomas Druyen sagen Danke an das tolle Team des Cornelsen-Verlags. Ihr wart wagemutig und habt aus unserer Idee ein Buch gemacht.

Danke an all die Menschen, die für eine menschenwürdige Versorgung, Begegnung und Begleitung jeden Tag eintreten. Ihr seid couragiert und macht dieses Land lebenswert.

Danke an all die Menschen, die uns beide begleiten. Ihr seid unschätzbar.

Danke an Caspar, die Teams der BBG und des DPR. Ihr eröffnet mir Begegnungen, die ein solches Buch erst möglich machen.

Danke an Mark, Andreas und die opta data Gruppe, die die Arbeit der opta data Zukunfts-Stiftung und die meines tollen Teams stützen und unterstützen. Ihr gebt mir die Freiheit, mich auch diesem Buch zu widmen.

Über Autorin und Autor

Christine Vogler
(* 14. Dezember 1969) ist Pflegepädagogin, Geschäftsführerin des *Berliner Bildungscampus für Gesundheitsberufe gGmbH* (BBG) und Präsidentin des *Deutschen Pflegerats e. V.* Seit Beginn ihrer Ausbildung zur Krankenschwester im Jahr 1989 engagiert sie sich für die Anerkennung und Aufwertung des Pflegeberufes. In ihrer Tätigkeit als Schulleiterin an den Wannseeschulen setzt sie sich seit 2004 für

eine moderne und international anerkannte generalistische Pflegeausbildung ein. Im Jahr 2018 bekam sie für ihr Engagement den *Berliner Frauenpreis* verliehen. Sie ist Mitglied in zahlreichen Beiräten und Berufsverbänden. Für ihre Management- und Führungsarbeit bekam sie 2022 den *Pflegemanagement Award* überreicht. Als freiwilliges Mitglied der Pflegekammer Rheinland-Pfalz und Nordrhein-Westfalen setzt sie ein Zeichen für die Bedeutung der selbstverwalteten Pflege in Deutschland.
Sie ist die Herausgeberin der Bildungsreihe *Pflegias* zur generalistischen Pflegeausbildung im Cornelsen Verlag.

Prof. Dr. Thomas Druyen
(* 2. Juli 1957) ist Soziologe. Seit 2015 leitet er das von ihm gegründete *Institut für Zukunftspsychologie und Zukunftsmanagement (IZZ)* an der Sigmund Freud PrivatUniversität in Wien. Die Wissenschaft der Zukunftspsychologie beschäftigt sich mit den psychologischen und neuronalen Auswirkungen der Digitalisierung und der künstlichen Intelligenz sowie den soziologischen Konsequenzen der Transformation und Mindsets unterschiedlicher Generationen.
Als Präsident der *opta data Zukunfts-Stiftung gGmbH (odZ)* führt er mit seinem Team Studien über die Zukunftskompetenzen und die Systemrelevanz von Gesundheitsberufen durch.

Impressum

Konzept: Christine Vogler, Thomas Druyen
Lektorat: Friederike Moldenhauer, Hamburg

Umschlaggestaltung und Layoutkonzept: Ungermeyer, Berlin
Technische Umsetzung: graphitecture book & edition

Autorenfotos: Christine Vogler © studioline Photostudios GmbH; Thomas Druyen © Cornelsen/Prof. Dr. Thomas Druyen/opta data Zukunfts-Stiftung gGmbH/Linda Kaiser

www.cornelsen.de

1. Auflage, 1. Druck 2024

Druck: H. Heenemann, Berlin

ISBN 978-3-06-452517-7

PEFC/04-31-1156

PEFC zertifiziert
Dieses Produkt stammt aus nachhaltig bewirtschafteten Wäldern und kontrollierten Quellen.

www.pefc.de